Langenscheidt

Katze – Deutsch
Deutsch – Katze

Wie sag ich's meiner Katze?

von Nina Puri

Langenscheidt

Berlin · München · Wien · Zürich
London · Madrid · New York · Warschau

Langenscheidt Katze – Deutsch / Deutsch – Katze
von Nina Puri

Layout: Agentur Kopfbrand, München
Illustrationen: Jörg Saupe
Fotos: Richard Föhr
Lektorat: Alexandra Bauer (textwerk, München)

Die Autorin
Die 1965 geborene Britin, die schon Erfahrungen mit diversen Haustieren – einschließlich einer ungeheuer verfressenen Katze – sammeln durfte, arbeitet seit 1991 als Texterin, Kreativdirektorin und Kreativ-Beraterin für Werbeagenturen und Kunden wie IKEA, VW und Apple und ist vielfach ausgezeichnetes Mitglied im Art Directors Club Deutschland. 2007 veröffentlichte sie ihr erstes Buch, den Bestseller „Elternkrankheiten“. Weitere Bücher, unter anderem „Ü-30-Krankheiten“, folgten. Nina Puri lebt mit ihren Söhnen und ihrem Lebenspartner in Hamburg.
www.ninapuri.de

Umwelthinweis: gedruckt auf chlorfrei gebleichtem Papier

Satz: Franzis print & media GmbH, München
Druck: Kösel, Krugzell
Printed in Germany
ISBN 978-3-468-73822-7
www.langenscheidt.de
11011

Inhalt

Für Tiger,
der aus uns willenlose und untertänige Türaufhalter, Dosenöffner, Bauchkrauler und Auf-der-äußersten-Bettkante-Schläfer gemacht hat.

Liebe Leser,

die Katze ist ein rätselhaftes Wesen. Obwohl sie schon im alten Ägypten als Gottheit verehrt wurde, Thema unzähliger Filme, Musicals, Bücher und Kunstwerke ist und seit Tausenden von Jahren weltweit eines der beliebtesten Haustiere, wurde weniger über die Sprache der Katze herausgefunden als über, sagen wir mal: die des Yetis, des Einhorns oder des alpenländischen Tatzelwurms.

Dieses Büchlein weiht Sie nun endlich in die Geheimnisse der Katzensprache ein: Was meint die Katze, wenn sie mit ausgefahrenen Krallen in Ihrer Wade hängt? Was hat sie, wenn ihre Zunge in der Frühstücksbutter steckt? Und was will sie sagen, wenn sie sich nachts schnurrend auf Ihr Gesicht setzt? Es erklärt auch verständlich, warum Katzen sich grundsätzlich auf den Orientteppich, in die Dielenritzen oder in ein elektronisches Gerät übergeben, sich zielsicher auf den Schoß des einzigen Katzenallergikers im Raum setzen und immer so auf den Fußboden legen, dass möglichst viele Menschen über sie stolpern.

Katzenbesitzer bekommen hier nebst wertvollen Tipps für den täglichen Umgang mit Katzen eine Anleitung, wie man so mit seiner Katze kommuniziert, dass sie einen versteht. Und wie man einigermaßen würdevoll damit klarkommt, dass sie einen nichtsdestotrotz vollkommen ignoriert.

Nicht-Katzenbesitzer werden nach der Lektüre dieses Sprachführers besser verstehen, warum Katzenbesitzer immer so aussehen, als hätten sie sich eben auf dem Boden eines Frisörsalons gewälzt, warum sie ihr gesamtes Vermögen für Katzenfutter, Kratzbäume und Halsbänder ausgeben und allabendlich „Miez, Miez" rufend durch die Nachbarschaft ziehen – mit der Folge, dass Sie noch herzlicher über diese Sonderlinge lachen können.

Katzen wiederum bietet dieses Buch eine wunderbare Sitzunterlage – vor allem, während ihre Besitzer darin lesen.

Ihnen allen wünsche ich eine gute Unterhaltung!

Nina Puri

Ich bekomme
eine Katze!

Ich bekomme eine Katze!

Herzlichen Glückwunsch, Sie haben sich für das Leben mit einer Katze entschieden! Damit einem unbeschwerten Zusammensein nichts im Wege steht, sollten Sie vor dem Katzenkauf noch unbedingt folgende Punkte klären:

- Sind Sie bereit, die ersten Wochen und Monate so auszusehen, als seien Sie in einen Zweikampf mit einem Dornbusch geraten oder hätten mehrere gescheiterte Selbstmordversuche hinter sich?
- Sind Sie darauf vorbereitet, Ihren Stammplatz auf Ihrem Fernsehsofa, Ihrem Lieblingssessel und in Ihrem Bett für immer abzutreten?
- Hängen Ihre Tapeten und Gardinen ohnehin schon in Fetzen von den Wänden?
- Treten Sie morgens gerne überraschend und barfuß in breiige, übelriechende Substanzen oder ausgeweidete Kleintiere?
- Stehen Sie ohne Weiteres nachts auf, um eine Katze rein- und wieder raus- und wieder rein- und wieder raus- und wieder rein- und wieder rauszulassen?
- Sind Sie gesundheitlich in der Lage, täglich mehrere Herzstillstände zu verkraften? Beispielsweise wenn die Katze gegen die Wohnzimmerscheibe donnert, mit der antiken Bodenvase jongliert, in den Kofferraum eines fremden Autos springt oder – zumindest vor Ihrem geistigen Auge – platt wie eine Flunder auf der Hauptstraße liegt?

- Wollen Sie ein ganzes Katzenleben lang – also bis zu zwanzig Jahre – oder auch nur ein paar Wochen (siehe vorangehenden Punkt) für die Katze sorgen?
- Halten Sie Urlaub und abendliches Ausgehen für vollkommen überbewertet?
- Können Sie sich die monatlichen Ausgaben für Futter, Streu, Tierarztkosten und ein Möbelabonnement bei Ihrem örtlichen Einrichtungshaus wirklich leisten?
- Macht es Ihnen gar nichts aus, wenn sämtliche Kleidungsstücke, Sitzgarnituren, Teppiche und Ihr Frühstücksmüsli aussehen wie ein explodierter Angorapulli?
- Haben Sie denn die Möglichkeit, im Haushalt lebende Personen, mit denen die Katze unter Umständen nicht einverstanden ist, zeitweise woanders unterzubringen beziehungsweise ganz auszuquartieren?
- Falls Sie eine Mutter sind: Sind Sie sich wirklich darüber im Klaren, dass im Gegensatz zu dem, was Ihre Kinder Ihnen hoch und heilig auf Knien und unter Tränen beteuern, die Arbeit mit dem neuen Haustier schon nach wenigen Wochen ganz alleine an Ihnen kleben bleiben wird?

Wenn Sie auf alle Fragen guten Gewissens und frohlockenden Herzens mit „Ja“ antworten können, steht dem Kauf einer Katze nichts mehr im Wege!

Welche Katze passt zu mir?

Katzen bekommt man an jeder Ecke. Aber welche ist die richtige für Sie? Viele Menschen entscheiden sich für ein Katzenbaby. Kein Wunder: Katzenbabys sind einfach unfassbar knuddelig, verspielt und niedlich. Kindchenschema nennt man das. Das hat die Natur erfunden, um Beschützergefühle zu wecken – und es funktioniert hervorragend. Falls Sie ohnehin die Komplettsanierung Ihres Heims ins Auge gefasst haben, ist jetzt die perfekte Gelegenheit, es mithilfe scharfer Katzenkrällchen und spitzer Katzenzähnchen noch mal ordentlich bis auf die Grundmauern runterzurocken.

Für den Kauf von älteren Katzen spricht wiederum, dass diese sich schon weitgehend ausgetobt haben und eine feste Persönlichkeit besitzen. Falls Ihnen die Mischung aus – sagen wir mal – „Garfield“ und „Fritz the Cat“ bei näherem Kennenlernen allerdings nicht passt, ist es mit Umerziehen weitgehend Essig.

Auch über die Frage „Besser ein Weibchen oder besser ein Männchen?“ wurde schon viel philosophiert. Dabei müsste sie eher lauten: „Besser kastriert oder nicht kastriert?“ Bei kastrierten Katzen ist der kleine Unterschied zwischen den Geschlechtern nämlich gar nicht so groß. Mit einem kastrierten Kater können Sie genauso schön zu Hause in Jogginghose auf dem Sofa kuscheln und „Sex and the City“ gucken wie mit einer Kätzin. (Und wer weiß: Mit viel Glück interessiert sich das kleine Schnuffelchen womöglich sogar für Kochrezepte, Scrabble und Modedesign.)

Unkastrierte Kater dagegen machen auf der Suche nach einer unkastrierten, sich röhrend auf dem Boden rollenden, paarungsbereiten Kätzin lieber endlose Streifzüge entlang der B 20 ... um nie wieder oder erst nach Wochen und Monaten schlammverkrustet, mit eiternden Kratz- und Bisswunden sowie einem abgerissenen Ohr nach Hause zurückzukehren. Und um dort als erste Amtshandlung ein paar Kleintiere zu beißen und in alle vier Ecken zu pinkeln.

Keine leichte Entscheidung, zugegeben! Am besten, Sie schauen sich erst mal auf dem Katzenmarkt um, bevor Sie Ihre Wahl treffen.

Obacht, Katzenverkäufer-Latein!

Bevor Sie auf eine Anzeige in der Zeitung oder im Internet antworten, sollten Sie sich allerdings im eigenen Interesse ein paar wichtige und typische Fachbegriffe einprägen. Schließlich wollen Sie ja nicht die Katze im Sack kaufen, oder?

Privatverkäufer schreibt	Deutsch
langhaarige Schönheit	Erleben Sie Haarausfall in einer ganz neuen Dimension.
süßer Wirbelwind zu verkaufen	Besitzer mit Nerven aus Stahl gesucht. Sagen Sie Ihren Tapeten und Antiquitäten Lebewohl.
ruhiger und gemütlicher Kater	Er verschlingt täglich 2.000 Kalorien und hängt ausschließlich vor der Glotze. Bitte Lastkran für den Transport mitbringen.
Naturbursche	unkastriert, ungechipt, ungeimpft
scheues Tier	Er greift nur an, wenn er sich bedrängt fühlt, sein Revier verteidigt oder sich langweilt.
ideale Familienkatze	Das Tier ist blind, taub und verfügt garantiert über keinerlei Sinne oder Nerven.

Charaktertyp	Silberblick, Triefnase, Hinkebein
mit anderen Tieren aufgewachsen	zum Beispiel mit Flöhen und Würmern
Schutzgebühr	Schützt den Verkäufer davor, einer geregelten Arbeit nachgehen zu müssen.
Lust auf ein unverbindliches Probekuscheln?	Bringen Sie gleich eine Transportbox und Bares mit. Wir wissen beide, dass Sie sich beim ersten Anblick rettungslos verlieben werden und jeder Widerstand zwecklos ist.
wegen Allergie abzugeben	nämlich die Allergie gegen Futterkaufen, Fellbürsten und Katzenklosaubermachen

Züchter schreibt	Deutsch
wunderschöne und sehr seltene Rasse	und zwar die bislang vollkommen unbekannte Rasse aus Britisch Kurzhaar gekreuzt mit Nachbars Lumpi
reines Zuchttier	Das Tier muss die Treppe hochgetragen werden und kriegt beim kleinsten Windhauch vierzig Grad Fieber.
Stammbaumnachweis	Irre, was man heutzutage mit Photoshop für täuschend echte Resultate erzielen kann!
aus kleiner, privater Hobbyzucht	Dahinter steckt oft ein Massenzüchter. Haben die Kätzchen einen osteuropäischen Akzent, sollte Ihnen das auf jeden Fall zu denken geben!
bei Abgabe entwurmt und geimpft	bei Verfassen der Anzeige verwurmt, verfloht und verfilzt

exklusive Fellzeichnung	Bitte vor Ort auf Wasser- oder Terpentinlöslichkeit prüfen! Selbst unter „seriösen“ Katzenzüchtern gibt es Betrüger, die Ihnen ein X für ein U vormachen wollen.
weitere Fotos auf unserer Homepage	Ha! Spätestens beim Anblick der kleinen Puschel gibt's kein Zurück!

Ganz wichtig ist, dass Sie die Katze bei Tageslicht besichtigen (Merke: Bei Nacht sind alle Katzen grau!) und vor dem Kauf prüfen, ob sie munter, gepflegt, geimpft und entwurmt ist. Fragen Sie den Verkäufer nach der Konsistenz des Stuhls (dem der Katze) und einem tierärztlichen Zeugnis.

Professionelle Kommentare beim Katzenkauf

„Oooh, ist der süüüß!“

„Guck mal, wie er guckt!“

„Neeeiin, hat der kleine Pfötchen und Öhrchen!“

„Mama, den will ich haben, bitte, bitte, bitte!“

„Den könnte ich SOOO mitnehmen!“

Ein gewissenhafter Verkäufer wird Ihnen Rede und Antwort stehen und so bei der Wahl Ihres Kätzchens behilflich sein.

Hilfreiche Kommentare des Verkäufers

„Ich würde die am liebsten alle selbst behalten!"

„Da haben Sie sich aber wirklich den allerschönsten rausgesucht!"

„Der mag Sie auch. Das merkt man gleich!"

Manchmal ist es tatsächlich die Katze, die sich ihren zukünftigen Besitzer aussucht – wobei das Wort „Besitzer" äußerst irreführend ist, darauf kommen wir später noch zurück. Achten Sie darauf, ob eines der Kätzchen Sie besonders interessiert anschaut, auf Sie zukommt oder mit Ihnen kommuniziert.

Übliche Sympathiebekundung der Katze

„Miauuu!"

Daraus wird direkt nach dem Kauf ein lang gezogenes, steinerweichend klagendes „Miaaaaaauiuiiiiiiauuuuuu!", das während der gesamten Fahrt nach Hause anhält, Ihren Adrenalinspiegel blitzartig nach oben schnellen lässt, in Ihnen tiefe Schuldgefühle auslöst und Sie dadurch jetzt schon für alle Zeiten willenlos und gefügig macht.

Nach welchen wohlbedachten Kriterien und eisernen Prinzipien Sie Ihre Katze auch auswählen mögen – falls Sie ein Katzenliebhaber sind, können Sie dem Herrgott danken, dass Sie es geschafft haben, ein oder zwei Katzen und nicht gleich den gesamten Wurf beziehungsweise das ganze Tierheim mitzunehmen. Vor allem, wenn es sich bei den Katzen um Katzenbabys handelt, ist es sehr schwer, genau genommen höllisch schwer, bei Licht besehen sogar komplett unmöglich, zu widerstehen. Sie sollten also ein paar gute Ausreden parat haben, denn ursprünglich sind Sie ja nur losgezogen, um sich „mal ganz unverbindlich zu informieren", dann aber mit einem zwölf Wochen alten Katzenbaby wieder auf der heimischen Türmatte aufgeschlagen.

Übliche Redewendungen

„Das ist mir zugelaufen."
„Die hat mich so angeguckt!"
„Es ist nicht so, wie du denkst."
„Katze? Welche Katze?"

Zugegeben: Angesichts der nagelneuen Katzentransportbox, aus der es ohrenbetäubend miaut, besteht die Gefahr, dass Ihre halbgaren Ausflüchte wenig überzeugend rüberkommen. Und da wir schon mal dabei sind: Als angehender Katzenbesitzer haben Sie natürlich nicht nur eine Transportbox, sondern längst auch alles andere besorgt, was Ihre Katze so braucht. Schauen wir doch am besten gleich mal ...

Die Grundausstattung

Katzenfutter

Nichts ist schöner als eine Miezekatze, die auf zarten Pfötchen zum Futternapf tapst, ihn genüsslich leer schleckt und sich danach dankbar schnurrend auf den Schoß ihres Katzenbesitzers setzt. Leider gibt es solche Fellnasen nur im Werbefernsehen. Jede normale Katze wird sich das Futter so gierig hinter die Kiemen schaufeln und dabei noch mit den Pfoten hineintreten, dass die Futterstelle und die nähere Umgebung binnen Sekunden aussehen wie Sodom und Gomorrha – und sich dann rülpsend wegwalzen, ohne Sie auch nur eines Blickes zu würdigen.

Oder aber angewidert am Futternapf stehen bleiben, um schließlich ungefüttert und mit Todesverachtung im Gesicht an Ihnen vorbeizustolzieren. Und zwar ganz egal, ob Sie ihr sündhaft teures, von führenden Katzenforschern empfohlenes Premium-Trockenfutter, Nullachtfuffzehn-Dosenmampf oder ein selbst gekochtes Fünf-Gänge-Menü auftischen. Und unabhängig davon, ob das heute verschmähte Essen gestern noch heißhungrig verschlungen wurde.

Versuchen Sie erst gar nicht, verstehen zu wollen. Seien Sie lieber dankbar, dass es so viele verschiedene Sorten Katzenfutter gibt. Im Laufe eines Katzenlebens werden Sie jede einzelne ausprobieren. Was Ihre Katze übrigens immer und ohne jede Überzeugungsarbeit essen wird, ist Essen, das sich auf IHREM Tisch befindet.

Katzentoilette

Hier können Sie unter einer großen Auswahl an Produkten wählen. Die meisten Katzen sind mit einer preisgünstigen Schalentoilette aus Plastik durchaus zufrieden. Einige schätzen die Diskretion, die eine Haubentoilette bietet. (Auch für Katzenbesitzer ist diese Variante von Vorteil, da sie ihnen den Anblick der sich ekstatisch in der Drecksstreu wälzenden Katze erspart.) Wieder andere Katzen weigern sich strikt, eine Toilette ohne Türe zu benutzen – ein Accessoire, das allerdings nicht verhindert, dass die Katze beim Verscharren ihres Geschäfts ein Drittel der Streu in hohem Bogen nach draußen befördert. Egal, welches Modell Sie wählen: Wichtig ist, die Katzentoilette regelmäßig zu reinigen. Außer Sie sind schwanger, dann sollten Sie den Kontakt mit verunreinigter Katzenstreu unbedingt vermeiden. (Falls Sie nur vorgeben, schwanger zu sein, müssen Sie, um glaubwürdig zu bleiben, innerhalb der nächsten zehn Monate Nachwuchs vorweisen.)

Katzenstreu

Manche Katzenbesitzer bevorzugen Tonstreu, weil sie zunächst die preisgünstigste Katzenstreu-Variante ist. Anderen kommt

nichts anderes als Klumpstreu in die Einkaufstüte, weil man die verunreinigten Klumpen als Ganzes entfernen kann und die Streu deshalb nicht so oft ausgewechselt werden muss. Letztendlich ist es jedoch reine Geschmackssache, welche Körner Sie in der gesamten Wohnung verteilt haben möchten. Wer infolge langjährigen Kokainkonsums oder einer Nasenamputation kein Geruchsvermögen mehr besitzt, kann auch Holzfasern, Sand oder Zeitungsfetzen verwenden.

Vorleger

Der schafft natürlich genauso wenig Abhilfe wie eine Türmatte, macht aber erst mal ordentlich Eindruck und kurbelt die Haustierbedarfs-Industrie an.

Mülleimer mit verschließbarem Deckel zum Entsorgen von verschmutzter Katzenstreu

Wichtig. Sehr, sehr wichtig. Keine olfaktorischen Details.

Katzenbett

Vom kuscheligen Himmelbettchen über flauschige Riesentatzen bis hin zum Rennwagen aus Frottee – es gibt jede Menge entzückende Katzenbettchen in allen erdenklichen Formen und Farben. Kaufen Sie das, welches sich später am besten zum Sammeln von Einwegfla-

schen oder als Kartoffelkiste eignet, denn Ihre Katze wird jeden erdenklichen Platz in Ihrer Wohnung als Schlafstelle auserwählen AUSSER das eigens von Ihnen erworbene Katzenbett, versteht sich.

Kratzbaum und Kratzbalken

Diese unansehnlichen Möbelstücke, deren Anwesenheit im Nu jedes noch so hübsch dekorierte Heim verschandeln, gehören in jeden Katzenhaushalt. Ob Sie Marke Eigenbau oder die meist aus Sisal bestehenden Fertigprodukte aus dem Zoogeschäft bevorzugen: Es soll tatsächlich Katzen geben, die ihre Krallen lieber daran wetzen als am Wohnzimmersofa, Perserteppich oder an der Tapete – auch wenn der Autorin, das sei an dieser Stelle erwähnt, persönlich keine solche Katze bekannt ist. Um die Kratzmöbel NOCH attraktiver (für Ihre Katze, nicht für Sie) zu machen, reiben Sie diese mit Baldrian, Katzenminze oder Thunfischsalbe ein. Und dann: toi, toi, toi!

Spielzeug

Ob Sie Ihr gesamtes Geld für Katzenspielzeug wie Schaumstoffbälle, kleine Lederbällchen oder piepsende Wildledermäuse auf den Kopf hauen oder in liebevoller Bastelarbeit Spielzeug aus Schnüren, Federn, Kartons und Korken herstellen: Ihre Katze wird mit nichts ausgiebiger durchs Haus toben als Ihrer gebrauchten Unterwäsche, benutzten Ohropax oder Q-tips und verschwitzten Laufschuhen – vor allem, wenn Sie gerade Besuch haben.

Halsband

Katzenhalsbänder werden extra aus einem sehr leichten und elastischen Material gemacht, damit sie sofort abgehen, sobald die Katze an einem Ast oder Zaun hängen bleibt. Genau genommen gehen sie selbst dann ab, wenn die Katze von einem Zweig, Grashalm oder Windhauch gestreift wird oder einfach nur tief durchatmet. Kaufen Sie also am besten gleich hundert Halsbänder, versehen Sie jedes mit einem Anhänger, in dem Ihre Adresse und eine Telefonnummer, unter der Sie erreichbar sind, stehen – und legen Sie Ihrer ohne Halsband heimgekehrten Katze täglich ein neues Halsband um.

Katzengarnitur

Falls Sie möchten, dass Ihr Stubentiger sich auch mal im Freien vergnügt – oder Sie Ihren Freigänger langsam an das Rausgehen gewöhnen wollen –, können Sie ihm ein Geschirr anlegen, das um Hals und Bauch befestigt wird. Machen Sie sich vorher mit dem Öffnen von gordischen Knoten und professionellen Entfesselungstechniken vertraut, und gehen Sie keinesfalls irgendwohin, wo Ihre Katze von Autolärm, Hundegebell oder Laubrascheln erschreckt werden kann. Andernfalls könnte es sein, dass Sie die folgenden Minuten damit zubringen müssen, zehn Katzenkrallen aus Unterlippe und Hals zu entfernen, während Ihre Katze Ihnen panisch ins Ohr schreit.

Kätzisch für Anfänger

Bei Katzen können Sie – im Gegensatz zu Hunden – nicht so leicht erkennen, was sie gerade empfinden. Ihre Katze wird nicht vor Freude an Ihnen hochhüpfen, winseln, kläffen, jaulen, japsen oder mit irgendwelchen Körperteilen herumwedeln, sobald Sie durch die Türe kommen. Sie wird nicht ekstatisch sabbernd und hechelnd hinter einem Stock oder einem Ball her rennen. Und sie wird ganz bestimmt nicht mit treudoofem Blick zu Ihren Füßen liegen. Katzen sind die Meister des „ausdruckslosen Blicks", den sie in jeder Stimmung und Situation aufsetzen. Und dieser Blick kann von „Hey, da bist du ja endlich, ich habe dich sehnlichst vermisst!" über „Ich denke, ich werde mich gleich mal auf deinen linken Fuß stürzen und meine Eckzähne in deinen Zeh rammen" bis zu „Ich habe gerade den Kaktus verspeist" so ziemlich alles bedeuten. Falls Sie wirklich wissen wollen, was Ihre Katze denkt, fühlt oder will, schadet es also gar nicht, wenn Sie sich schon im Vorhinein zur Sicherheit mit ein paar Grundvokabeln „Kätzisch" vertraut machen.

Die größte Herausforderung, mit der Sie beim Erlernen der Katzensprache konfrontiert sein werden, ist die Tatsache, dass achtzig Prozent der Katzenkommunikation mit einem einzigen Wort bestritten wird, das je nach Situation in unterschiedlicher Tonhöhe und Intonation aus Ihrer Katze kommt.

Katze	Deutsch
„Miauuu!" ***(laut, ins Trommelfell des schlafenden Besitzers)***	Wach auf und lass mich raus!
„Miauuu!" ***(gedämpft draußen vor der Türe)***	Lass mich wieder rein!
„Miauuu!" ***(hektisch vor dem Vorratsschrank hin- und hertippelnd)***	Ich habe Hunger!
„Miauuu!" ***(den gefüllten Napf angewidert anschauend)***	Bäh!
„Miauuu!" ***(vorwurfsvoll zum umgestoßenen Wassernapf)***	Ich verdurste!
„Miauuu!" ***(auf dem Buch des lesenden Besitzers sitzend)***	Kraul mich!

„Miauuu!“ (nach fünf Sekunden wieder aufspringend)	Genug gestreichelt!
„Miauuu!“ (wenn der Besitzer telefoniert, duscht, kocht oder dringend weg muss)	Spiel mit mir!
„Miauuu!“ (beim Spiel mit dem Besitzer)	Laaaangweilig!
„Miauuu!“ (vor dem Fernsehbildschirm stehend)	Guck mal, ich bin unsichtbar!
„Miauuu!“ (vor dem antiken Sekretär)	Oh, ein Kratzbaum!
„Miauuu!“ (zum Baum hoch)	Komm, kleines Vögelchen!
„Miauuu!“ (aus dem eben geöffneten Trockner)	Heiß!

„Miauuu!“ (aus der eben geöffneten Kühltruhe)	Kalt!
„Miauuu!“ (aus einer Garage, zu der nur der verreiste Nachbar den Schlüssel hat, oder aus einer Kellerluke, durch die eine Katze passt, aber keine Menschenhand)	Mist!

Naturgemäß werden Sie eine Weile brauchen, bis Sie die Bedeutung jedes einzelnen „Miauuu!“ entschlüsseln können. Zumal die meisten Katzen gelegentlich völlig grundlos miauen – einfach nur, um ihre Besitzer zu verwirren. Aber keine Angst: Zum Glück hat Ihre Miezekatze auch noch ein paar andere Vokabeln im Repertoire:

Katze macht	Deutsch
„ggggru, grru schnurrrrrrrrr“	Love and Peace!

„krrr"	Ich bin eine gefährliche Python.
„krrr, krrr"	Ich bin eine gefährliche, etwas verärgerte Python.
„CHRR, CHRR, CHRR!!!!!"	Ich bin eine gefährliche, sehr, sehr, sehr verärgerte Python.
„CHHRRROOAAAAAR!!!"	Attackeeeee!
„äk-äk-äk, äk-äk, äk-äk-äk"	Aha, die blöde Fliege ist also HINTER der Scheibe. Macht mir gaaar nichts aus. Macht mir gaaar nichts aus. Macht mir gaaar nichts aus. Macht mir gaaar nichts aus. Macht mir gaaar nichts aus ...
KLONK!!!	Okay. Macht mir DOCH was aus.

Die unterschiedlichen Gesichtsausdrücke Ihrer Katze und was sie bedeuten:

Freude

Ärger

Furcht

Belustigung

Langeweile

Spannung

Entsetzen

Ekel

Ausgestopft

Neben dem eben aufgezeigten Repertoire an Mimiken verfügen Katzen allerdings auch noch über ein großes Arsenal an aussagekräftigen Gesten, von denen die meisten auf die eine oder andere Weise klarmachen: Ich bin hier die Nummer eins!

Um die Beine streifen und den Kopf an den Beinen reiben

Ihre Katze könnte Ihnen genauso einen fetten Stempel oder ein Tattoo mit dem Wortlaut „Pfoten weg – Eigentum von Carlo“ verpassen. Aber da ist es wieder, das alte Problem: Der bewegliche Daumen fehlt.

Nasenkuss

Diese kätzische Liebeserklärung wäre womöglich noch viel beliebter bei Katzenbesitzern, wenn die Katze nicht vorher grundsätzlich ihre Nase im eigenen Hinterteil gehabt hätte.

Auf den Katzenbesitzer legen und sich putzen

Diesen beneidenswerten Grad an Tiefenentspanntheit erlangen Menschen höchstens nach vielen Jahren Yoga oder im öffentlichen Dienst.

Blinzeln

Ist angeblich das Äquivalent zum menschlichen Lächeln. Womöglich werden Sie es nie an Ihrer Katze beobachten, weil Sie genau in dem Moment selbst blinzeln müssen.

In den Weichteilen des Katzenbesitzers herumtreten und an ihnen nuckeln

Die Katze hält Sie für ihre Mama! Prüfen Sie im Spiegel, ob Ihr Äußeres Anlass dazu gibt.

Klitzekleine rosa Zungenspitze raushängen lassen

Entspricht in etwa dem dämlich-zufriedenen Gesichtsausdruck eines Menschen, der mit Paprikachips und Bierflasche eine drittklassige Realityshow ansieht.

Bauch präsentieren

Das bedeutet je nachdem: „Streichle meinen Bauch!" oder „Paare dich mit mir!". (Suchen Sie sich ruhig die für Sie praktikablere Variante heraus.)

Anstarren

Intensives Anstarren heißt auf Kätzisch eigentlich: „Mach dich vom Acker!" Gleichwohl ist Anstarren ein beliebtes Katzenhobby, das Ihre Katze auch völlig ohne Anlass und bis zum Exzess ausüben wird.* Vorzugsweise wenn Sie gerade Geschlechtsverkehr haben oder auf der Toilette sitzen.

* Den Weltrekord im Starren hält eine Britisch-Kurzhaar-Katze, die es schaffte, das Geflecht einer Sisalmatte zwei Stunden und 24 Minuten anzustieren. Gefolgt von einer Perserkatze, die eine Kücheneckbank zwei Stunden und zwölf Minuten lang fixierte. Eine Burmakatze wurde nach zehn Stunden und 32 Minuten disqualifiziert – als klar wurde, dass sie ausgestopft war.

Schwanzwedeln

Soll bedrohlich aussehen, führt aber bei Hunden und deren Besitzern bisweilen zu folgenschweren Fehlinterpretationen.

Buckeln und Schwanz aufbauschen

Indem sie sich zu voller Größe aufbaut, will Ihre Katze potenziellen Feinden (Staubsauger, Waschmaschine, Auto) zeigen, wie groß und stark sie ist. Kleinere Katzen verlieren bei dieser Körperübung gelegentlich das Gleichgewicht und fallen seitwärts um, was die Wirkung ein wenig schmälert.

Pfoteheben

Gelbe Karte

Zuschlagen

Rote Karte

Anschleichen

Ihre Katze glaubt allen Ernstes, sie könne sich so gewieft anschleichen, dass Sie nicht merken, dass sie sich anschleicht. Das ist natürlich vollkommener Humbug, und es ist ein herrlicher Spaß, versteckt hinter einem Regal zu stehen und mit halbem Auge zu beobachten, wie Ihre Katze in spionartigem Moonwalk in Richtung Ihres hervorstehenden, wackelnden Fußes schleicht, um dann mit einem kraftvollen Sprung voll ins Nichts (Fuß blitzschnell weggezogen, ätschbätsch!) zu segeln!

Mäuselsprung

Mit diesem zackigen Hüpfer krallt sich Ihre Mieze die Beute, sprich: alte Socken, Q-tips und Kugelschreiber.

Ausgiebiges Strecken und Gähnen neben dem Frühstückstisch

Soll den nichtsahnenden, arglosen Besitzer einlullen und davon ablenken, dass die Katze sich gleich das Frühstücksei schnappen wird.

Dicke Backen

Damit will Ihre Katze entweder noch mal nachhaken, wo denn nun ihr Frühstücksei bleibt, oder gleich eines Ihrer Körperteile schreddern.

Grinsen

Wer behauptet, Katzen könnten nicht grinsen? Sehr wohl können Katzen grinsen. Nämlich hinter dem Rücken ihres vollkommen arglosen Besitzers.

Natürlich werden Sie, selbst wenn Sie hundert Jahre leben, nicht jeden Wink Ihrer Katze verstehen. Solange Sie ihr jedoch stets mit Respekt und in gebückter Körperhaltung begegnen, machen Sie alles richtig.

Das erste Beschnuppern

Die ersten Wochen mit Katze

Es ist ein aufregender Moment, wenn Sie mit Ihrer neuen Katze zum ersten Mal die heimische Wohnung betreten. Bringen Sie die Katze zunächst in einen ruhigen Raum, in dem sich eine warme Decke, die Katzentoilette und ein paar Spielzeuge befinden und die frei von lauten Geräten wie Radio, Fernseher, Waschmaschine und Kleinkindern ist. Von diesem Zufluchtsort aus kann Ihr Kätzchen in aller Ruhe ihr neues Zuhause inspizieren. Unter Ihrer fürsorglichen Obhut natürlich! Am besten nehmen Sie sich ein paar Tage frei, um dem kleinen Racker bei seinen aufregenden Erkundungen in jeden Winkel Ihres Heims zu folgen.

Typische Redewendungen unter Katzenbesitzern

„Halt mal die Leiter!“
„Leuchte mal hinter den Kühlschrank!“
„Ich glaube, ich bin unterm Sofa eingeklemmt.“
„Puh, ist es im Kamin staubig!“
„Autsch! Hexenschuss!“

Spätestens jetzt werden Sie – wie alle anderen Katzenbesitzer vor Ihnen – merken, wie unfassbar viele Gefahren in einem ganz normalen Haushalt lauern, wenn man eine kleine, zierliche (oder in Ihrem Fall: eine große, klobige) Samtpfote ist. Seien Sie also immer und überall auf der Hut. Man kann nicht vorsichtig genug sein! Lieber einmal zu viel „ACHTUNG!“ gebrüllt als einmal zu wenig!

Typische Warnschreie	Deutsch
„HAST DU?“	Messer, Gabel, Schere, Licht, Glasflasche, Ming-Vase, Büroklammer, Reißzwecke, Rasierklinge, Nadel, Zigarettenkippe, Putzmittel, Plastiktüte, Kaktus ...
„SCHLIESST DU?“	Balkontüre, Kippfenster, Toilettenschüssel, Kühlschrank, Backofen, Geschirrspülmaschine, Waschmaschine, Trockner, Medizinschrank ...
„GUCKST DU?“	Messerblock, Herdplatte, Wasserkocher, giftige Pflanzen, Stromkabel, Steckdose, Kerzen, Badewanne, Kamin, Bügeleisen ...
„SPINNST DU?“	passt immer

Aber keine Sorge: Ihr Katzenbaby lernt ganz schnell, was es darf und was nicht. Und wird schon nach wenigen Tagen mit atemberaubender Selbstsicherheit

- Bungee-Sprünge von der Gardinenstange, der Deckenlampe und sämtlichen Türrahmen machen.
- wie ein Wurfgeschoss kreuz und quer durchs Haus pesen, um sich dann mit ausgefahrenen Krallen auf einen alten Pizzakarton, eine Plastiktüte oder Ihre Ohren zu stürzen.
- sämtliche Elektrokabel im Haus so bearbeiten, dass sie aussehen wie Palmwedel.
- Slalom durch Ihre Füße laufen, vor allem dann, wenn Sie dringend irgendwohin müssen oder schwere Gegenstände auf der Treppe transportieren.
- Ihre Beine hochklettern, sobald Sie nagelneue Seidenstrümpfe anhaben.
- nachts durch Ihr Bett toben wie eine Horde ausgewachsener afrikanischer Löwen.

Am allerliebsten, das werden Sie noch sehen, wird Ihre Katze Ihnen jedoch auf der Nase rumtanzen. Machen Sie sich keine Vorwürfe, wenn Sie dem unverschämten Charme der süßen kleinen Fellwurst willenlos erliegen – Sie sind in bester Gesellschaft. Große Persönlichkeiten wie Albert Einstein, Heinrich Heine, Rosa Luxemburg, Konfuzius, Königin Victoria, Ernest Hemingway, Sophia Loren, Pablo Picasso und der amtierende Papst Benedikt XVI., um nur ein paar Namen zu nennen, waren und sind ihren Katzen untertan. Außerdem spielen wie bei allen frischgebackenen Eltern auch bei Ihnen die Hormone verrückt. Sie haben also jedes Recht, vollkommen gaga zu sein und alles niedlich zu finden, was Ihre Katze macht.

Typische Redewendungen

„Lass ihn doch. Es ist doch sooo süß!"
„Er ist doch noch ein Baby!"
„Guck mal, die putzigen Abdrücke in der Butter!"
„Ein Sofa kann man immer neu kaufen!"
„Erziehen können wir ihn noch früh genug ..."
„Woher soll es denn wissen, dass ...
... Beißen wehtut?"
... man Blumen nicht isst?"
... der Goldfisch lieber im Glas ist?"

Das Kind braucht einen Namen

Wie soll Ihr neues Familienmitglied heißen? Tierforscher und Linguisten haben herausgefunden, dass sich am besten solche Namen eignen, die kurz sind und mit einem langen i-Laut enden. Katzenhalter haben herausgefunden, dass es völlig schnuppe ist, wie der Name anfängt, aufhört oder in der Mitte lautet, da normale Katzen sowieso nicht auf ihren

Namen, sondern ausschließlich auf „Futter!“, „Jammi jammi!“, „Leckerli!“ oder das Klappern der Futterdose hören.

Katzenanrede	Katzenreaktion
„Amadeus?“	null
„Amadeeeeeeus!“	null
„Amadeeeeeeeeeeeuuus!“	null
„Miiieeez!“	null
„Miez, miez!“	null
„Komm her, Süßer!“	null
„Kaaatze, Katze, Katze!“	null
„Komm schon, Doofi!“	null
leises Dosenklappern	Katze kommt wie der geölte Blitz aus kilometerweiter Entfernung und stürzt sich hysterisch miauend auf den Besitzer.

Der Vollständigkeit halber sei an dieser Stelle erwähnt, dass das mit dem Dosenklappern mitnichten eine sichere Nummer ist, Ihre Katze herbeizulocken. Ihre Katze wird nämlich nur dann auf das Klappern der Futterdose reagieren, wenn es gerade vollkommen unerheblich ist, ob sie auftaucht oder nicht. Vor einem Tierarzttermin, dem Abflug in den vierwöchigen Urlaub oder der Abfahrt zur Katzenpension wird sie wie vom Erdboden verschluckt sein. Goodbye, Kitty!

Die Katze von Kopf bis Fuß

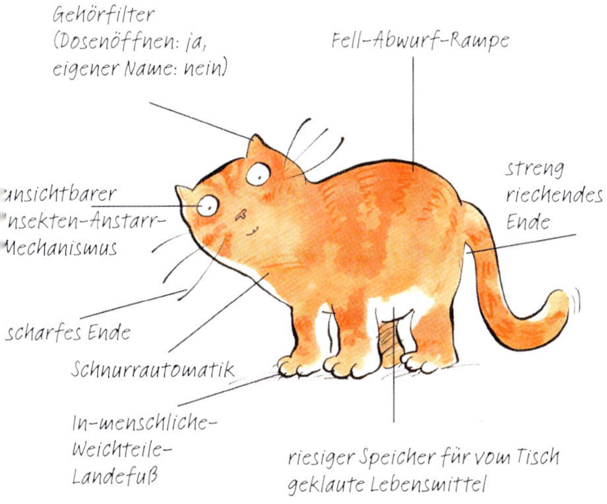

Der Katzenbesitzer von Kopf bis Fuß

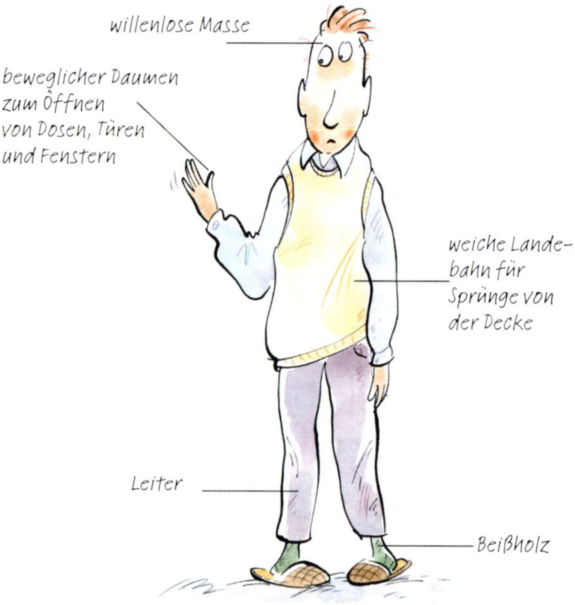

Nennen Sie Ihre Katze also, wie Sie wollen. Aber bedenken Sie eins: Sie sind derjenige, der unter Umständen jeden Abend durch die ganze Nachbarschaft rennen und nach Anastasia, Banana Split, Chlodwig, Désirée, Excalibur, Fantômas, Goldy, Hein Blöd, IQ, Jägermeister, Macho, Nighthawk, Obama, Peppermint, Quadrophenia, Rapunzel, Schneeflöckchen, Temptation, Vivaldi, Whisky oder Zausel rufen muss. Wählen Sie den Namen Ihrer Katze also im eigenen Interesse mit Bedacht.

Wussten Sie eigentlich, dass das Schnurren von Katzen nachweislich den menschlichen Blutdruck senkt und somit das Leben von Katzenbesitzern verlängern kann? Auf die Einrichtungsgegenstände des Katzenbesitzers haben Katzen allerdings eher eine lebensverkürzende Wirkung.

Und wussten Sie auch, dass Menschen deshalb so stark auf das Miauen einer Katze reagieren, weil es an die Stimme eines menschlichen Babys erinnert? Diese Frequenz stimuliert den natürlichen Instinkt, sich um alles zu kümmern, was wie der eigene Nachwuchs klingt – selbst wenn dieser zufällig vier Pfoten, ein Fell und Schnauzhaare hat und auf den Namen Dr. Dolittle hört ...

Fressen, schlafen, fernsehen

Angeblich gibt es Katzen, die Klavier spielen und Mathematikaufgaben lösen können. Jede halbwegs normale Katze wird es jedoch vorziehen, einfach nur zu fressen, zu schlafen und fernzusehen. Deshalb sollten Katzenbesitzer ruhig ein paar Fakten über diese drei essenziellen Lieblingsbeschäftigungen ihrer Katze kennen.

Fressen

Bei der Frage „Was ist die beste Ernährung für die Katze?“ scheiden sich die Geister. Grundsätzlich gilt jedoch: Eine richtig ernährte Katze erkennt man daran, dass sie ein dichtes, glänzendes Fell und klare Augen hat. Eine falsch ernährte Katze erkennt man daran, dass sie reglos auf dem Rücken liegt und ihre Zunge raushängt. Dieses Buch soll dennoch keiner bestimmten Ernährungsphilosophie das Wort reden, sondern Ihnen ganz wertfrei die verschiedenen Möglichkeiten vorstellen:

Von Katzenhaltern empfohlene Nahrung

- hochwertiges Trockenfutter beziehungsweise Feuchtfutter mit gelegentlich untergemischtem frischem Gemüse
- Leitungswasser
- 2–3 Mahlzeiten täglich

Von Wissenschaftlern empfohlene Nahrung

- 51 % rohes Muskelfleisch
- 9 % rohe Innereien (Leberanteil nicht mehr als 5 % der Gesamtfuttermenge)
- 11 % rohes Tierfett
- 8 % reine Knochen
- 7 % pflanzliche Fasern
- 13,995 % destilliertes Wasser
- 0,001 % Taurin
- 0,003 % Kalziumkarbonat

- 0,001 % Salz
- 2,74–3,45 Mahlzeiten täglich

Von Katzen empfohlene Katzennahrung

- 1 umgekippte Schlagsahne
- 2 zertretene Maikäfer
- 4 Staubflocken
- 15 Grashalme
- 1½ Mottenflügel
- die gesamte Grillhühnchenhaut aus dem Schwingdeckel-Mülleimer
- 30 Mahlzeiten täglich

Von Katzenhassern empfohlene Katzennahrung

- Frostschutzmittel
- Mottenkugeln
- Lametta
- 1 Mahlzeit

Übrigens: Welche Ernährungsvariante Sie auch für die richtige halten – ganz wichtig ist, dass Sie die Mahlzeit mit einem Petersilienblättchen garnieren!

Schlafen

Eine orientalische Legende besagt, dass Mohammed es vorzog, einen Ärmel seines Kleides abzuschneiden, statt die in seinen Armen eingeschlafene Katze Muezza zu wecken.

Wahrhaft liebenden Katzenhaltern wird solch aufopferungsvolle Rücksichtnahme, die am besten mit dem Begriff „total Banane“ zu beschreiben ist, ganz und gar nicht befremdlich vorkommen. Wer einmal mit schmerzenden, abgeschnürten Gliedmaßen auf dem äußersten Rand seines Bettes aufgewacht ist, weil seine Katze die gesamte Nacht in der für ihn denkbar unbequemsten Haltung verbracht hat – aus Furcht, sie zu wecken, sich aber nicht getraut hat, sich zu bewegen –, weiß, wovon hier die Rede ist und woher im Übrigen auch das sehr treffende Wort „Muskelkater“ kommt.

Katzenbesitzer	Deutsch
„Ist das nicht niedlich?“	Ist zufällig ein Arzt anwesend, der eine ambulante Amputation meines rechten Unterschenkels vornehmen kann?
„Ift df nf ndlf?“	Atmen wird überbewertet.
„Pssst, nicht wecken!“	Wer braucht schon Arme?
„Sensationell! So möchte man auch mal schlafen können!“	Sensationell! Mein ganzer Körper passt auf ein zehn Zentimeter breites Stück Matratze!

Katzen können immer schlafen. Egal wann. Egal wie. Egal wo. Auf dem Kopf ihres Besitzers, dem Balkongeländer, im Werkzeugkasten, auf der warmen Salamipizza. Am allerliebsten jedoch okkupieren sie Unterlagen, die farblich mit ihrem Fell kontrastieren.

Wo Sie überall dunkle Katzenhaare finden
Auf der frisch gewaschenen Bettwäsche, dem Hemdkragen, dem Waschbecken, den weißen Klaviertasten, in der Zuckerdose, zwischen den Zähnen ...

Wo Sie überall helle Katzenhaare finden
Auf dem schwarzen Abendsmoking, dem dunklen – für den kommenden Tag herausgelegten – Businesskostüm, dem schwarzen Wildledersofa, den schwarzen Klaviertasten, im Rosinenglas, auf der Zunge ...

Wo Sie überall Haarbällchen finden
Haarbällchen, hehe. Wirklich ein niedliches Wort für Katzenkotze, die von Haaren zusammengehalten wird. Die werden Sie überall finden. Wirklich überall.

Sage und schreibe 16 Stunden schlafen Katzen durchschnittlich am Tag. Einige bringen es sogar auf zwanzig. Und träumen tun sie dabei auch noch. Das ist insofern interessant, als eine internationale Forschungsstudie kürzlich den Zusammenhang zwischen dem Intelligenzquotienten eines Lebewesens und der Länge seiner Träume nachwies: Der Goldfisch schläft traumlos. Der Wellensittich träumt eine Minute am Tag. Die Ratte eine halbe Stunde. Der Mensch zwei Stunden. Die Katze drei Stunden. Genug gesagt. Ob Katzen von ihren Besitzern träumen, weiß natürlich kein Mensch. Aber was es damit auf sich hat, wenn Ihnen im Traum eine Katze begegnet, lässt sich in der Regel kinderleicht entschlüsseln. Hier einige typische Katzenträume und was sie bedeuten:

Traum	Deutung
Sie sehen eine Katze und eine halb tote Maus.	Sie werden in Kürze ein Geschenk erhalten.
Sie hören eine laut jaulende Katze.	Ärger mit dem Nachbarn steht ins Haus.
Sie erblicken eine Katze und eine Vase.	Ereignisse werden zu einem Geldverlust führen.
Eine Katze wird von Ihnen herausgelassen.	Es ist 5.30 Uhr morgens.

Zwei Katzen schauen Sie an.	Die Nachbarskatze ist durch die Katzenklappe mit reingekommen.
Sie sehen direkt ins Hinterteil einer Katze.	Sie haben im Schlaf eine unachtsame Bewegung gemacht.
Sie haben die Krallen einer Katze in der Lippe.	Sie haben im Schlaf eine sehr, sehr unachtsame Bewegung gemacht.

Ach, und übrigens: Selbst wenn Katzen das weit von sich weisen würden – schnarchen tun sie auch! Und die Tatsache, dass sie mit bis zu achtzig Millionen empfindlichster Geruchsrezeptoren ausgestattet sind (im Gegensatz zu uns Menschen, die mit etwa zehn Millionen Geruchszellen auskommen müssen) und starke Gerüche angeblich hassen, hindert sie nicht daran, entsetzlich zu furzen, während sie eingekuschelt und unschuldig im Arm ihres Besitzers vor sich hin schlummern. Pffffft.

Fernsehen

Fernsehapparate üben auf Katzen eine starke Anziehungskraft aus – dies werden Sie spätestens merken, wenn Bastian Schweinsteiger im WM-Finale zum entscheidenden Elfmeter anläuft oder gerade die ergreifendste, romantischste, zärtlichste Liebesszene der Filmgeschichte beginnt. Dann wird Ihr kleiner pelziger Liebling sich nämlich direkt vor den Bildschirm setzen, sodass Sie nur noch Katze sehen.

Ganz besonders lieben Katzen Sendungen, in denen Tiere und/oder Essen vorkommen.

Im Fernseher läuft	Katze hört
„Hey, Pizzagesicht, rück die Kohle raus – oder willst du meine Faust kennenlernen?“	blabla PIZZA blabla blabla blabla blabla blabla blabla blabla
„Ich soll in der Nacht zum 27. August einen Mord begangen haben? Herr Kommissar, Sie haben ja einen Vogel!“	blabla blabla blabla blabla blabla blabla blabla VOGEL
„Jawoll! Jawoll! Komm, schieß, schieß! Jaaa: So muss Fußball sein. Das ist erste Sahne! Das ist Weltklasse!“	blabla blabla blabla blabla blabla blabla blabla SAHNE blabla blabla

„Wow, du bist 'ne richtig scharfe Maus! Wie wär's mit uns beiden?"	blabla blabla blabla blabla MAUS blabla blabla blabla
„Wenn du gehen willst, dann geh, Pierre! Aber lass dir eins sagen: Ohne mich bist du ein Nichts. Ein Niemand. Ein Wurm."	blabla blabla blabla blabla blabla blabla blabla blabla blabla blabla blabla blabla blabla blabla blabla WURM

Die Fortbewegung der Katze

Die Eleganz und Geschmeidigkeit von Katzen ist sprichwörtlich. Dennoch ist es nach wie vor ein einziges Rätsel, wie diese sich eigentlich fortbewegen. Hier ein paar typische – für die Wissenschaft aber völlig unerklärliche – Eigenarten der Katzenmotorik.

Der Moonwalk

Jeder Katzenbesitzer kennt diese Szene: Die Katze thront stundenlang vollkommen reglos und wie aus Marmor gehauen irgendwo im Zimmer. Kaum blickt man jedoch für den Bruchteil einer Sekunde woandershin oder blinzelt, sitzt die Katze zwar ebenso bewegungslos wie zuvor in der Landschaft – aber plötzlich einen Meter weiter links.

Der Holzsprung

Obgleich Katzen unvergleichlich leichtfüßig und auf weichen Sohlen über den Boden huschen, ja, fast schweben, bekommen sie genau in dem Augenblick, wenn sie über den Körper eines schlafenden Menschen laufen oder aus großer Höhe auf ihn springen, Beine wie Zaunpfähle. Wobei sie grundsätzlich ihr ganzes Gewicht auf das Bein verlagern, das gerade auf dessen Blase landet.

Der Schoßtanz

Katzen können sich problemlos an den unwirtlichsten Plätzen häuslich einrichten – zum Beispiel auf einem Balkongeländer, an der Deckenlampe oder auf einem Kaktus –, aber ausgerechnet im warmen, weichen Schoß ihres Besitzers sind sie unfähig, zur Ruhe zu kommen, bevor sie sich nicht mindestens fünf Minuten lang im Kreis gedreht, sich hingesetzt haben, wieder aufgestanden sind, sich linksherum gedreht, sich hingesetzt, wieder aufgestanden, sich rechtsherum gedreht, sich wieder hingesetzt, wieder aufgestanden, sich wieder linksherum gedreht, sich wieder hingesetzt und wieder aufgestanden sind und sich wieder linksherum gedreht haben.

Der Bettspagat

Die Katze, die sich dank ihres losen Schlüsselbeins so dünn machen kann, dass sie durch die kleinste Ritze passt, wird im Bett des Besitzers plötzlich zu einer riesigen, starren Betonmasse, die nur mit abgespreizten Gliedmaßen einschläft.

Der Zwei-linke-Pfoten-Tatscher

Es ist faszinierend, was die kleinen, zarten Pfötchen Ihrer Katze, die so behände über eine Stuhllehne oder einen schmalen Kaminsims balancieren können, für ein unfassbares Unheil anrichten, wenn sie mit etwas Kleinteiligem (Knöpfe, Glitzerperlen, Mini-Schleifen), Klebrigem (Uhu, Leim, Tesafilm) oder

Knisterndem (Seidenpapier, Geschenkpapier) oder gar mit allem zusammen in Berührung kommen. Hier ein gut gemeinter Rat: Versuchen Sie niemals und unter gar keinen Umständen, mit Ihrer Katze Adventsgeschenke einzupacken!

Der Fünf-Minuten-Wahnsinn

Mindestens einmal täglich fegt Ihre Katze durch die Wohnung wie eine Horde marodierender Vandalen. Nur, dass diese damals vermutlich nicht unter Sofas entlang geschreddert oder die Wände hochgepest sind. Bringen Sie Kinder, Frauen und das gute Porzellan in Sicherheit, bewahren Sie Ruhe, zählen Sie bis 300 – dann ist der Spuk vorbei. Das merken Sie daran, dass Ihre Katze mit quietschenden Pfoten abbremst und übergangslos mit einem Blick vollkommener Gleichgültigkeit von dannen zieht!

Katzeneltern in der Öffentlichkeit

Hat sich das Leben mit Katze etwas eingespielt, werden Sie Ihren einzigartig hübschen, schlauen, niedlichen, knuddeligen, lustigen, mutigen, graziösen und einfach hinreißenden Liebling natürlich auch mal Ihren Freunden und Bekannten vorstellen wollen. Das ist bei stolzen Katzeneltern verständlicherweise nicht anders als bei anderen frischgebackenen Eltern.

Katzenbesitzer	Deutsch
„Für 15 Wochen ist Tinka schon total weit!"	Weder für den Laien noch für den Katzenkenner auszumachen.
„Popeye macht immer ganz brav ins Katzenklo."	Letzte Woche einmal. Aus Versehen, auf dem Weg zum Flokati.
„Tinkerbell reagiert schon auf ihren Namen."	Die Blicke der Katze treffen zufällig auf ihren rufenden Besitzer.
„Mitzi ist ein ganz toller Beobachter."	Sie ist einfach viel zu faul, um aufzustehen.

Seien Sie nicht enttäuscht, wenn die Begeisterung seitens Ihrer Besucher nicht Ihren Erwartungen entspricht. Fünfzig Prozent aller Menschen sind Banausen, die eine Katze nicht von der anderen unterscheiden können und niemals verstehen werden, dass Ihre Katze sich – verglichen mit allen anderen Haustieren auf diesem Planeten – wie ein zweisitziger Alfa Romeo Sportwagen zu einer Schubkarre ausnimmt. Und die anderen fünfzig Prozent sind Hundebesitzer. Womit wohl alles gesagt sein dürfte.

Besuch	Deutsch
„Ihr habt 'ne Katze? Ist ja toll!"	In China ist ein Sack Reis umgefallen?
„Ist die euch zugelaufen?"	Geld habt ihr dafür ja wohl hoffentlich nicht gezahlt.
„Weibchen oder Männchen?"	Lärmt es oder stinkt es?
„Freunde von uns haben auch 'ne Katze."	Besser gesagt: Ex-Freunde.
„Riecht man gar nicht."	Alter Falter, ist hier 'ne Luft!
„Ich bin ja eher ein Hundetyp."	Das war's dann wohl.
„Ich bin sowieso aufm Sprung."	Nichts wie weg hier.

Und leider – das muss hier ehrlich gesagt werden – wird Ihre Fellnase einen Teufel tun, um vor Ihrem Besuch zu glänzen. Weder wird sie wie ein Hund andächtig zu Ihnen hochschauen, noch Pfötchen geben, Sitz machen oder irgendwelche albernen Kunststücke aufführen. Vermutlich wird sie sich pünktlich beim Eintreffen Ihrer Gäste unauffindbar verkrümeln oder aber an Ihnen vorbeistolzieren, ohne Sie oder Ihren Besuch auch nur eines Blickes zu würdigen.

Was Katzenhalter und Besuch so sagen

Katzenhalter, stolz: „Tja. Ist eben kein Hund."
Besuch, die Katze taxierend, die neben der Kaffeetafel eine intensive Reinigung ihres Hinterteils vornimmt: „Ah."
Katzenhalter, beharrlich: „Viel zu schlau."
Besuch, angesichts der Katze, die in den Kaktus beißt: „Hmm."
Katzenhalter, trotzig: „Und elegant dazu."
Besuch, der Katze hinterhersehend, die mit einer Unterhose auf dem Kopf vorbeitänzelt, zum Sprung ansetzt und in den Wohnzimmertisch knallt: „Nee, klar."

Die einzigen Gäste, die von Ihrer Katze nicht nur beachtet, sondern mit geradezu überschwänglicher Freundlichkeit begrüßt werden, sind Katzenallergiker, Katzenphobiker sowie Katzenhasser – also die andere Hälfte Ihrer Bekannten. Mit absoluter Treffsicherheit wird Ihre Katze, die allen einigermaßen freundlich gesinnten Besuchern die kalte Schulter beziehungsweise ihr Hinterteil zeigt, sich genau diese Gäste heraussuchen, um sich an ihren Beinen zu reiben, sich auf ihren Schoß zu setzen und sie ausgiebig mit innigen Küssen zu bedecken.

Blöd für Ihre Gäste. Aber aus Katzensicht kein Wunder. Wer mit riesigen Augen und Jubelgeschrei auf die Katze zustürmt, signalisiert in Katzensprache nämlich, dass er ein wildes Tier ist, welches ihr womöglich gleich die Krallen in die Nase rammen wird. Gäste dagegen, die mit schmalen Lippen und unterkühltem Blick auf der Sofakante kauern, sind für Katzen geradezu der Inbegriff freundlicher Höflichkeit.

Wenn man Katzenhassern also einen Rat geben kann, dann diesen: Versuchen Sie wenigstens, Begeisterung über das neue Haustier zu heucheln, und starren Sie das Tier mit breitem, alle Zähne zeigendem Grinsen an. Es ist nur zu Ihrem Vorteil!

Erziehung

Katze und Erziehung? Es gibt Menschen, die behaupten, das geht nicht zusammen. Das ist natürlich Mumpitz. Allerdings werden nicht Sie es sein, welcher die Katze erzieht, sondern umgekehrt: Die Katze wird Sie erziehen. Wenn Sie diese bittere Pille erst mal geschluckt haben, geht das mit der Erziehung gleich viel leichter von der Hand. Im Übrigen ist die Tatsache, dass Katzen nur bedingt erziehbar sind, ganz und gar nicht bedauerlich. Im Gegenteil: Die meisten Katzenbesitzer sind sehr stolz darauf, keinerlei Kontrolle über ihre Fellnase zu haben, und brüsten sich vor Nicht-Katzenbesitzern ordentlich damit. Das konnten Sie im vorherigen Kapitel ja schon feststellen und das dürfen Sie ab sofort auch!

Häufige Redewendungen

„Katzen haben eben ihren eigenen Kopf!"
„Diese Samtpfoten machen ja, was Sie wollen."
„Ich bin hier nur der Dosenöffner."
„Ein Sack Flöhe zu hüten ist einfacher!"

Nun werden Sie sich fragen: Meine Katze mich erziehen – wie soll das gehen? Seien Sie gewiss: Ihre Katze hat ein paar sehr, sehr gute Argumente, Sie dazu zu bringen, ALLES zu machen, was sie will. Zähne, Krallen und Körperausscheidungen – um nur ein paar sehr überzeugende zu nennen. (Ganz zu schweigen von der tödlichsten Waffe: ihrem Blick!) Sie ersparen sich einige schmerzliche Lektionen, wenn Sie vorab einige grundlegende Befehle verstehen und befolgen lernen.

Die Top 5 der elementaren Kommandos

Geste	Bedeutung
Katze starrt den Futternapf an.	Füttere mich!
Katze starrt den Vorratsschrank an.	Füttere mich!
Katze starrt den Kühlschrank an.	Füttere mich!
Katze starrt den Katzenbesitzer an.	Füttere mich!
Katze schreit abwechselnd Futternapf, Katzenbesitzer, Vorratsschrank und Kühlschrank an.	Füttere mich!
Katze trippelt aufgeregt vor den Füßen des Besitzers hin und her.	Füttere mich!

Katze wieselt schnurrend, gurrend, mauzend und miauend um die Füße des nun endlich zu Dose und Dosenöffner greifenden Besitzers.	Füttere mich!
Katze stellt sich genau hinter die rechte Ferse des Essen zubereitenden Besitzers, sodass dieser beim Schritt nach hinten stolpert und das ganze Katzenfutter auf den Boden schleudert.	Füttere mich!
Katze schaut Besitzer mit angewidertem Blick an und geht erhobenen Hauptes weg.	Bah!

Und glauben Sie bloß nicht, Futter ist Futter. Natürlich gibt es vereinzelt Katzen, die alles verschlingen, was man ihnen vor die Nase setzt. Unter wählerischen Katzen, die was auf sich halten, gilt jedoch: Nichts ist älter als die Lieblingsfuttersorte von gestern.

Geste	Bedeutung
Katze legt sich auf das Gesicht des fernsehenden Besitzers.	Kraul mich!
Katze legt sich auf das Buch des lesenden Besitzers oder auf die Tageszeitung.	Kraul mich!
Katze legt sich quer über die Computer-tastatur, während der Besitzer seine Arbeit mxbjbkxhud90bih	Kraul mich!
Katze legt sich auf die Vier-Jahreszeiten-Pizza des zu Abend essenden Besitzers.	Kraul mich!

Am liebsten werden Katzen übrigens direkt am Schwanzansatz gekrault. Falls Sie mit der Katze nicht unbedingt Nachwuchs zeugen wollen, sollten Sie sich um die Frühjahrszeit jedoch besser auf andere Körperregionen konzentrieren.

Geste	Bedeutung
Katze rammt dem arglos schlafenden Besitzer ohne Vorwarnung ihre Eckzähne in den Zeh.	Spiel mit mir!
Katze setzt sich auf den Schreibtisch des seine Einkommenssteuer erledigenden Besitzers und stupst peu à peu mit der Pfote alle Stifte auf den Boden.	Spiel mit mir!
Katze macht im spannendsten Moment des „Tatort“ genau VOR dem TV-Bildschirm Freudensprünge.	Spiel mit mir!

Mit Stöckchenwerfen oder anderen tumben Hundespielen können Sie einer Katze natürlich nicht kommen. Aber versuchen Sie mal, einen Rotlicht-Laserpointer auf die Wand zu richten. Schneller haben Sie noch kein Lebewesen die Wand hochrennen (und runterplumpsen) sehen!

Geste	Bedeutung
Katze setzt sich um 3.30 Uhr auf das Kopfkissen des Katzenbesitzers.	Ich will raus.
Katze miaut um 3.31 Uhr leise in das Gesicht des Katzenbesitzers.	Ich will raus.
Katze miaut um 3.32 Uhr laut in das Trommelfell des Katzenbesitzers.	Ich will raus.
Katze fährt um 3.33 Uhr eine Kralle in die Nase des Katzenbesitzers.	Ich will raus.
Katze kratzt, schabt und scharrt um 3.34 Uhr an der Haustüre.	Ich will wieder rein.
Katze bleibt um 3.35 Uhr unschlüssig und mit dösigem Gesichtsausdruck mitten in der Haustüre stehen.	Oder wart mal, hmmm ...

Die Tatsache, dass Sie eine Katzentüre eingebaut haben, spielt bei diesem Verhalten übrigens überhaupt keine Rolle. Vor allem während wolkenbruchartiger Regengüsse, arktischer Temperaturen und der Stechmückensaison wird Ihre Katze darauf bestehen, dass die Wohnungstüre quasi ganztags geöffnet bleibt. Natürlich können Sie die Katze einfach vor der Türe stehen lassen. Soll sie doch ruhig schaben, scharren, pochen, klopfen, hochspringen, ihre Pfote unter die Türe schieben, sich dagegenwerfen, maunzen, miauen, schreien, weinen und scharren! Na gut, zugegeben: Kein Mensch mit Hörvermögen schafft es, eine Katze vor der Türe stehen zu lassen. Am besten, Sie bringen Ihrer Katze gleich bei, die Türe selbst zu öffnen. Einfach nach oben hüpfen und sich auf die Klinke fallen lassen.

Geste	Bedeutung
Katze rollt sich im Schoß des Katzenbesitzers zusammen.	Ich mag dich!
Katze reibt ihren Kopf laut schnurrend am Bein des Katzenbesitzers.	Ich mag dich.

Katze legt ein verendendes und ausgeweidetes Kleintier unter das Bett.	Ich mag dich sehr.
Katze benetzt ihren Besitzer mit einem kräftigen Urinstrahl.	Du gehörst für immer zu mir.

Um das sogenannte Markieren von unkastrierten Katern und Kätzinnen wird unter Katzenbesitzern viel Aufhebens gemacht. Der zugegeben strenge Geruch einer Katzenmarkierung auf Teppich oder Polstergarnituren, der sich am ehesten mit „uuuuääääärrrrrrrgh!!“ beschreiben lässt, ist im Nu verschwunden, wenn man die betroffene Stelle rausschneidet und in die chemische Reinigung gibt, verbrennt, in den Sondermüll wirft oder einfach sofort aus der heimischen Wohnung auszieht.

Erziehungstipps für Katzenbesitzer

Bedeutet der Umstand, dass Ihre Katze im Haus die Hosen anhat, dass Sie vollkommen machtlos sind? Aber nein! Selbstredend dürfen Sie ein Veto einlegen, wenn El Presidente über die Stränge schlägt. Katzenexperten warnen jedoch eindringlich davor, der Katze gegenüber laute oder sogar harsche Worte zu verwenden. Damit machen Sie der Katze nur Angst und alles schlimmer!

Sie zu der den Fernsehbildschirm zu zwei Dritteln verdeckenden Katze: „WEG DA!“
Katze, einen Buckel machend und dadurch drei Drittel des Bildschirms verdeckend: „Miau!“

Selbst Befehle oder Verbote können Sie knicken.

Sie: „Nimmst du wohl die Pfoten aus dem Trinknapf!“
Katze, sich umdrehend und jetzt auch noch mit dem Hintern reinsetzend: „Miau!“

Sie kommen viel weiter, wenn Sie nicht das negative Verhalten Ihrer Katze tadeln, sondern stattdessen jedes positive Verhalten Ihrer Katze hervorheben und belohnen. „Positive Verstärkung“ heißt dieser Trick, den auch Eltern von Menschenkindern mit zweifelhaftem Erfolg anwenden.

Hilfreiche positive Verstärkung
„Toller Sprung! Schade um die schöne Ming-Vase!“
„Das ist aber eine hübsche Maus! Wollen wir die zusammen zur Mülltonne bringen?“
„Schau mal, wenn du deine Krallen aus meinem Bein nimmst, können wir viel schöner miteinander kuscheln!“

Der renommierte amerikanische Psychologe und Psychotherapeut Dr. Thomas Gordon empfahl, sogenannte Ich-Botschaften zu senden. Das lässt sich auch bei der Kommunikation mit Katzen anwenden.

Hilfreiche Ich-Botschaften

„Das macht mich jetzt ganz traurig, dass mein Vorhang kaputt ist."

„Dein ‚zur Haustüre rein und raus' vermittelt mir das Gefühl, dass du dich über mich lustig machst."

„Mein Bedürfnis ist, dass ich als gleichwertiger Bettpartner ernst genommen werde."

Falls Ihre Katze sich in kommunikationsmethodischer Hinsicht nicht kooperativ zeigt, müssen Sie natürlich eine deutlichere Sprache sprechen.

Nein sagen

Sagen Sie klar und deutlich „Nein!" und schauen Sie Ihrer Katze dabei mit dem tödlichsten Blick in die Augen, den Sie draufhaben. Lassen Sie sich nicht davon irritieren, dass das bei Ihren Kindern gar nichts gebracht hat. Bleiben Sie standhaft und denken Sie daran: SIE sind hier der Bestimmer. Rein theoretisch jedenfalls. Nach weiteren zwei Minuten – ohne jede sichtbare Reaktion vonseiten der Katze – dürfen Sie einknicken und schließlich ermattet aufgeben. (Wenn niemand zusieht, können Sie auch früher klein beigeben.)

Typischer Diskussionsverlauf

„Nein."

„Nein!"

„NEIN!"

„NEIN, NEIN, NEIN!"

„Nee, ne?"

„Ach, okay, in Herrgotts Namen, was soll's."

Übrigens können Sie auch jedes andere beliebige Wort statt „Nein!" wählen. Zum Beispiel „Böse!" oder „Stopp!" oder „Psst!" oder „Runter!" oder „Butterkuchen!". Erstens ist für Ihre Katze sowieso alles eins. Und zweitens verlieren Sie nicht das Gesicht, wenn Ihre Katze nach fünf strengen „Butterkuchen!" immer noch nicht folgt.

Falls Worte nicht helfen, dürfen Sie getreu dem Motto „Wer nicht hören will, muss fühlen" Taten sprechen lassen, um Ihrer Katze die grundlegendsten Manieren beizubringen. Hier sind die beliebtesten Methoden:

Nass spritzen

Mit einer Spielzeugspritzpistole oder einem ganz gewöhnlichen Wasserzerstäuber, wie man ihn für 99 Cent in jeder Drogerie bekommt, können Sie jedes Mal, wenn Ihre Katze Unfug anstellt, einen Überraschungsangriff auf sie starten. Der Haken an der Sache: Sobald Ihre Katze spitzkriegt, dass Sie hinter der Aktion stecken – was sehr wahrscheinlich ist, da Sie sich, falls Sie von normalem Körperwuchs sind, nur sehr schwer hinter dem Spritzgerät verstecken können –, wird sie Ihnen das ewig und drei Tage nachtragen. Und das nächste Mal einfach abwarten, bis Sie weg sind, bevor sie auf den Abendbrottisch springt.

Pantoffelweitwurf

Trefferquote: gering. Wahrscheinlich wird Ihre Katze den zwei Meter entfernt in der Frühstücksbutter gelandeten Pantoffel mit mildem Desinteresse begutachten und dann ungestört weiter die Salami ausweiden.

Bällchen aus Alufolie

Hat ebenso fragwürdige Erfolgschancen. Gehen Sie davon aus, dass Ihre Katze die nun mit Butter vollgeschmierte Kugel als Aufforderung zum Spielen verstehen und begeistert durch die Wohnung jagen wird.

Nase der Katze anpusten

Klingt harmlos, macht aber mächtig Eindruck. Ihre Katze hält das Geräusch für Fauchen und wird sowohl einen Riesensatz nach hinten machen als auch – zumindest für ein paar Sekunden – mit jeglichem Schabernack aufhören. Je nachdem, wie es um Ihren Atem bestellt ist, setzen Sie Ihre Katze damit sogar längerfristig außer Gefecht.

Anfauchen

Abhängig davon, wie geschickt Sie sich dabei anstellen, jagen Sie Ihrer Katze einen ordentlichen Schreck ein oder ziehen sich eine fulminante Verrenkung Ihres unteren Kieferknochens zu.

Mehrmals laut in die Hände klatschen

Ihre Katze hasst dieses Geräusch. Es sei denn, sie ist Mitglied im Ensemble des Andrew-Lloyd-Webber-Musicals „Cats".

Staubsauger einschalten

Der Staubsauger ist aus Katzensicht der Lord Voldemort unter den Haushaltsgeräten. Schon wenn Sie das Kabel der Teufelsmaschine ausrollen, werden Sie beobachten können, zu welchen Spitzengeschwindigkeiten Ihre fliehende Katze in der Lage ist. Usain Bolt ist nichts dagegen!

Katze runternehmen

Kommt drauf an, wovon runternehmen. Wenn Sie Ihre Katze vom Esstisch oder Sofa runternehmen möchten, stehen die Chancen relativ gut. Wollen Sie Ihre Katze vom Baum, vom Hausdach oder von einer anderen Katze herunternehmen, kann man nur sagen: viel Erfolg!

Das Vertrackte an der Sache mit dem Bestrafen ist natürlich, dass Sie die Katze selten auf frischer Tat ertappen, sondern meistens Stunden oder Tage später die nassen, matschigen oder zerschredderten Folgen Ihrer Missetaten irgendwo entdecken. Und dann ist es natürlich viel zu spät, um der Katze den Marsch zu blasen, weil sie schon längst vergessen hat, was sie wann und wo angerichtet hat. Merke: Nichts ist so alt wie das Zeitungszerfetzen von gestern! Hier vier Methoden, mithilfe derer sie schon im Vorfeld dafür sorgen können, dass Ihre Katze keinen Unsinn macht:

Clickertraining

Dieser Trick, Ihrer Katze im wahrsten Sinne des Wortes etwas zu verklickern beziehungsweise zu verclickern, funktioniert in etwa nach dem Prinzip des pawlowschen Reflexes.* Immer wenn Ihre Katze ein Verhalten an den Tag legt, das Sie gerne öfters an ihr sähen, klicken Sie mit einer Art Knackfrosch und geben ihr direkt danach eine leckere Belohnung. Auf die Weise hat man angeblich schon Katzen dazu gebracht, Sitz,

* Für die, die in der Mittelstufe nicht aufgepasst haben: Der russische Physiologe Iwan P. Pawlow experimentierte vor hundert Jahren mit Hunden, denen er Futter gab und dies zuvor durch Glockengeläut ankündigte. Nach mehreren Versuchen lief den Hunden schon beim Läuten das Wasser aus dem Maul – weil sie den Ton mit „jetzt gibt's Essen“ verknüpft hatten. Das Phänomen nennt man seither pawlowscher Reflex.

Platz oder Männchen zu machen – normale Katzen bringt man auf diese Weise jedoch lediglich dazu, sehr, sehr schnell sehr, sehr dick zu werden.

Generell sollten Sie bei jedem Versuch, Ihrer Katze etwas beizubringen, zwei goldene Regeln beherzigen:

Goldene Erziehungsregel Nr. 1

Der Widerstand einer Katze verhält sich grundsätzlich proportional zum Wunsch des Katzenbesitzers, dass sie irgendetwas Bestimmtes für ihn tut.

Goldene Erziehungsregel Nr. 2

Der Interessensgrad einer Katze an etwas verhält sich proportional umgekehrt zum Grad der Mühe, die ihr Besitzer aufbringt, um sie für etwas zu interessieren.

Klebeband

Katzen hassen klebrige Pfoten. Wenn Sie also um die Herdplatte herum oder auf den Regalböden der Geschirrvitrine ein paar Streifen doppelseitiges Klebeband befestigen, wird Ihre Miezekatze nach ein, zwei pappigen Tapsern überhaupt keine Lust mehr verspüren, sich auf dieses Terrain zu begeben. Aber Achtung: Applizieren Sie zu starkes Klebeband oder Zweikomponentenkleber, erreichen Sie womöglich das genaue Gegenteil – nämlich dass Ihre Katze von nun an für IMMER an der fraglichen Stelle steht.

Markieren

Jahaa! Das kann nicht nur Ihre Katze, das können Sie genauso! Falls Ihre Katze partout immer wieder an Gegenstände geht, an die sie nicht gehen soll, bestreichen Sie diese einfach mit Essig, Gartenraute oder Zwiebelsaft. Das ist für Ihre Katze so eklig wie für Sie Katzenpipi, tote Mäuse oder, äh, Zwiebelsaft. Ihr Liebling wird also um alles, was so riecht, einen Riesenbogen machen. Allerdings könnte es passieren, dass Sie sich damit auch ganz nebenbei sämtliche Sozialkontakte vom Leib halten.

Eine Methode, die vielen Katzenbesitzern hilft, wenn alle Versuche bisher erfolglos verliefen:

In den Tisch beißen

Das wird Ihre Katze natürlich null Komma null beeindrucken, aber wenigstens verschaffen Sie Ihren eigenen vor sich hin brodelnden Mordgelüsten ein Ventil.

Nützliche Redewendungen

„Der Goldfisch möchte jetzt nicht spielen!“
„Spuckst du das Puzzlestück bitte wieder aus?“
„Lass sofort den Hund los!“
„Das ist MEIN Essen/Platz/Krimi!“
„Ich hol die Sprühflasche/den Staubsauger/die Polizei!“

Erziehung hin, Erziehung her, am Ende des Tages werden Sie feststellen: Mit einer gesunden Portion Phlegma kommen Sie im Zusammenleben mit Katzen viel weiter als mit jeder Art von Vorschrift.

Hilfreiche Redewendungen
„Eine Schachfigur mehr oder weniger spielt doch keine Rolle."
„Bleistifte ohne Radiergummi sind ohnehin viel hübscher."
„Ohne dunkle Fußabdrücke sähe das Sofa langweilig aus!"
„Tritt sich fest ... gibt ein neues Muster."
„Weckt mich, wenn es vorüber ist."

Der gewaltlose Widerstand

Leute, die fies zu Katzen waren, gab's schon immer. Angefangen bei Katzengegnern der Antike wie Alexander dem Großen oder Julius Cäsar über die Katzen mordenden Teufelsaustreiber und Hexenjäger im Mittelalter bis hin zu bekennenden Katzenhassern wie Sonnenkönig Ludwig XIV., der schon als kleiner Junge Freudentänze bei der öffentlichen Verbrennung von Katzen aufgeführt haben soll. Oder Napoleon Bonaparte, den man dereinst schweißgebadet sowie wild mit seinem Schwert herumfuchtelnd fand, weil sich ein kleines, süßes Katzenbaby auf der Textiltapete seines Domizils festklammerte. Auch von Johannes Brahms erzählt man sich, dass es einer seiner liebsten Zeitvertreibe gewesen sei, am offenen Fenster zu sitzen und Nachbarskatzen mit Pfeil und Bogen aufzulauern. Einer der größten Katzenhasser der Geschichte war – laut vertrauenswürdiger Quelle („Google")

– der Banker Rockwell Sayre aus Chicago, der in den frühen 20er-Jahren eine großangelegte Belohnungskampagne startete, um den gesamten Planeten von Katzen zu „befreien“. Er brüstete sich, auf diesem Weg den Tod von sieben Millionen Katzen bewirkt zu haben. Kurz darauf starb er selbst. Ätsch.

Das Neueste in Sachen Gewalt gegen Katzen ist es anscheinend, seine Katze in die Waschmaschine zu stecken oder von Kopf bis Schwanz mit Klebeband zu versehen, um dann zu gucken, wie „witzig“ sie läuft – schließlich das Ganze mit der Kamera aufzunehmen und auf „YouTube“ zu stellen.

Bevor Sie jetzt empört die Nase rümpfen, sei Ihnen mit erhobenem Zeigefinger eins gesagt:
Gewalt fängt im Kleinen an! Nämlich schon mit dem Klaps auf den Katzenhintern oder dem Klatscher mit der Zeitung auf die Nase.

Soll man nicht machen! Und zuhauen schon gar nicht. Egal, was Ihre Katze ausgefressen hat, und egal, wie gerne Sie ihr ab und zu eine ballern würden: Tun Sie es nicht! Die menschliche Hand ist zum Streicheln und Füttern (und zum Kraulen, Kratzen, Haustüre öffnen, Papierbällchen werfen, Spielmaus hinter dem Kühlschrank hervorpulen und, und, und) da. Nicht zum Schlagen. Wenden Sie überhaupt nie, nie, nie* Gewalt

* Damit ist hier gemeint: NIE!

gegen eine Katze an! Lenken Sie Ihre Aggression stattdessen unter übermenschlicher Selbstbeherrschung in sinnvolle und konstruktive Bahnen, indem Sie Ihrer Katze zum Beispiel ein neues Spielzeug schnitzen oder ein kuscheliges Deckchen stricken:

Sie, immer noch sauer: „Da! Für dich!“
Katze, sich desinteressiert abwendend: „Miau.“

Test: Sind Sie ein Katzenmensch?

Sie und eine Katze: Ist das eine Verbindung wie Yin und Yang? Oder eher wie Sodom und Gomorrha? Und sind Sie überhaupt zum Dosenöffner geeignet? Machen Sie den Test und finden Sie ganz nebenbei heraus, wie gut Ihre Katze Sie schon erzogen hat.

Geben Sie Freunden und Bekannten gegenüber offen zu, wie viele Katzen Sie in Wirklichkeit haben? ◯ Ja Nein ◯

Ist Ihr ganzer Körper von winzigen Narben übersät? ◯ Ja Nein ◯

Küssen Sie Ihre Katze auf die Lippen? ◯ Ja Nein ◯

Test: Sind Sie ein Katzenmensch?

Küssen Sie Ihre Katze auf die Zunge?	Ja	Nein
Schläft Ihre Katze auf Ihrem Kopfkissen beziehungsweise Ihrem Kopf?	Ja	Nein
Ist Ihre Katze Hauptmotiv Ihrer Weihnachtsaussendungen?	Ja	Nein
Hat Ihre Katze ein „Facebook"-Profil und einen „Twitter"-Account?	Ja	Nein
Tragen Sie Fotos Ihrer Katze mit sich im Portemonnaie herum?	Ja	Nein
Heben Sie ausgefallene Milchzähnchen und Haarbüschel Ihrer Katze in einer Erinnerungskiste auf?	Ja	Nein
Bringen Sie Ihrer Katze ein Geschenk aus dem Urlaub mit?	Ja	Nein
Arbeiten Sie im Stehen, weil die Katze auf Ihrem Schreibtischstuhl schläft?	Ja	Nein
Klettern Sie morgens wie Spiderman aus dem Bett, weil Sie Ihre schlafende Katze nicht wecken wollen?	Ja	Nein

Haben Sie jemals stundenlang in der Krone eines Baums gestanden und „Miez! Miez!“ gerufen?

Ja Nein

Besteht Ihr Sofa zu 99 Prozent aus Katzenhaar?

Ja Nein

Bekommen Sie Geburtstags- und Weihnachtspost von der örtlichen Zoobedarfshandlung?

Ja Nein

Feiern Sie den Geburtstag oder/und Namenstag Ihrer Katze?

Ja Nein

Erkennen Ihre Freunde die Stimmen Ihrer Katzen schon am Telefon?

Ja Nein

Haben Sie mehr als fünf geöffnete, verschmähte Katzenfuttersorten im Kühlschrank?

Ja Nein

Auswertung

14–18 JAs: Sie sind hoffnungslos in ein vollkommen durchtriebenes Exemplar der felinen Rasse verknallt, für das Sie einfach ALLES tun würden. Deshalb sind Sie der perfekte Katzenmensch: total Banane und glücklich damit.

8–13 JAs: Sie sind auf dem besten Weg, zu einem gefügigen Dosenöffner zu werden. Versuchen Sie erst gar nicht, dagegen anzukämpfen: Sie werden es nicht schaffen.

1–7 JAs: Hmm. Sie sollten vielleicht besser erwägen, eine Python oder eine Rennmaus zum Haustier zu nehmen.

0 JAs: Am besten nehmen Sie eine Python UND eine Rennmaus zum Haustier, Sie herzloser Klotz!

Gesundheit

Der Gang zum Tierarzt

Einer der ersten Gänge, den Sie mit Ihrer Katze machen sollten, ist der zum Tierarzt. Schon alleine, um ihr die ersten Grundimpfungen verpassen zu lassen. Suchen Sie sich den Tierarzt Ihres Vertrauens gut aus. Mit hoher Wahrscheinlichkeit werden Sie seine Dienste in den nächsten Jahren so häufig in Anspruch nehmen müssen, dass er im Alter eine Tessiner Luxusvilla in erster Reihe am Lago Maggiore beziehen und diese aus Dankbarkeit nach Ihrer Katze benennen wird.

Jede normale Tierarztpraxis sollte Folgendes aufweisen:

Geschultes Fachpersonal

Mindestens bestehend aus einem Arzt und zwei Ärzten im Praktikum, die darauf brennen auszuprobieren, wie das mit dem Impfen und Kastrieren in der Praxis funktioniert.

Zentrale Lage

Die Praxis ist problemlos erreichbar – in höchstens zwei Tagesreisen mit Auto, Bus oder Traktor.

Wartezimmer

Die übliche Wartezeit steht in direktem Verhältnis zur Schwere der Erkrankung Ihrer Katze sowie zur Anzahl der im Wartezimmer befindlichen Hunde.

Behandlungstisch
Der superrutschige Tisch ist mit Desinfektionsmittel bearbeitet, das alles wegätzt außer Pilzsporen, Viren und Bakterien.

Operationssaal
Je nach operativer Erfolgsquote kann ein angeschlossener Autopsieraum zweckdienlich sein.

Diplomurkunden an der Wand
Wenn diese aussehen wie chinesische Speisekarten, handelt es sich um einen Arzt mit homöopathischen Kenntnissen.

Empfangsdame
Was dieser beim Empfangen der Patienten an Freundlichkeit fehlen sollte, wird sie beim Verabschieden garantiert an Geschäftstüchtigkeit mehr als wettmachen.

Empfangstresen
Hauptpräsentationsort für all die kostspieligen Tierpflegeprodukte, die der Arzt Ihnen gleich empfehlen wird.

Notfallservice
Bedeutet: Die Praxis ist bei Notfällen jederzeit erreichbar – falls diese Montag bis Freitag zwischen 10 und 14 Uhr und nicht in der Mittagszeit oder an Wochenenden und Feiertagen eintreten. Falls trotzdem niemand rangeht, wird das Band aber ziemlich regelmäßig abgehört.

Haben Sie mithilfe von Empfehlungen, den „Gelben Seiten“, Ihrem Instinkt oder dem schieren Zufall den Tierarzt Ihres Vertrauens gefunden, müssen Sie nur noch einen Termin vereinbaren sowie mit Ihrer Katze vorbeischneien. Das einzige Problem: Ihre Katze ist nicht blöd. In dem Moment, in dem Sie harmlos pfeifend mit der Katzentransportbox um die Ecke biegen, wird sie hinter dem Kühlschrank verschwinden und für die nächsten Stunden unauffindbar bleiben. Vergessen Sie also jedwede Art von kätzischer Kooperation. Sorgen Sie dafür, dass Sie Ihre Katze in einem Überraschungsmoment zu packen kriegen, und befördern Sie das verdutzte Tier schnellstens in die dann erst herbeigeholte Box, bevor es Ihnen mit dem „Alle vier Pfoten von sich spreiz“-Trick einen gewaltigen, sperrigen Strich durch die Rechnung macht.

Falls Sie mit dem Auto fahren, können Sie sich unter Umständen darauf gefasst machen, dass Ihre Katze ab Anwerfen des Motors bis zum Eintritt in die Tierarztpraxis steinerweichend brüllen wird. Versuchen Sie, mit sanfter Stimme auf sie einzureden und sie dadurch zu beruhigen.

Typische Redewendungen

„Ist doch alles gut.“

„Alles gut. Aaaaaalles gut.“

„Gaaar nicht schlimm.“

„Alles gut. Aaaaaalles gut.“

„Aaaaaaaaaaaaaaaaaaaaaalles gut!“

„Scheiße. Das war Rot.“

Bringen all Ihre gut gemeinten Versuche die Katze nicht zur Räson, nehmen Sie ruhig ein Beruhigungsmittel. Derart sediert werden Sie nicht nur das Jaulen Ihrer Katze sowie das Hupen der anderen Autofahrer, sondern im Folgenden auch die missbilligenden Blicke des Praxispersonals und der wartenden Tierbesitzer viel leichter ausblenden können.

Häufige Katzenkrankheiten

Natürlich wollen Sie beim Tierarzt souverän auftreten – was gar nicht so einfach ist angesichts der Tatsache, dass Sie inzwischen völlig durchgeschwitzt, zerzaust und heiser sind und Ihre Katze noch immer schreit, als seien Sie der Tierfänger in persona. Damit der Arzt sieht, mit was für einem gut informierten, verantwortungsvollen Katzenhalter er es zu tun hat, beziehungsweise: Damit Sie überhaupt einen Schimmer davon haben, was der Arzt macht, wenn er Ihre Katze untersucht oder impft, sollten Sie sich hier einige Grundbegriffe der Katzenmedizin zu Gemüte führen.

Endoparasiten

Wenn bei Ihrer Katze der Wurm drin ist.

Ektoparasiten

Das sind diese fiesen Dinger im Fell oder im Ohr Ihrer Katze: Flöhe, Milben, Zecken und Haarlinge. Auf Deutsch: igitt!

Abszess

Ist für Ihre Katze wahrscheinlich so was wie ein Siegerabzeichen – nach dem Nahkampf mit dem blöden Nachbarskater. Einziger Unterschied: Aus einem Siegerabzeichen fließt kein Eiter.

FIV

Felines Immunschwächevirus: Katzenaids ist ähnlich wie Aids bei Menschen – sprechen Sie mit Ihrer Katze beizeiten ruhig mal über Verhütung.

FeLV und FIP

Katzenleukose und Feline Infektiöse Peritonitis. Diese beiden Virusinfektionen streiten sich darum, was Todesursache Nummer eins bei Katzen ist. Das ist aber immer noch die NEUGIER, gegen die es bislang leider keinen Impfstoff gibt.

Tollwut

Falls Sie Ihre Katze nicht dagegen impfen lassen, werden Sie später womöglich nicht nur vor Wut schäumen.

Vergiftungen

Spüli, Mückenspray oder der Adventsstern können hier eine tragende Rolle spielen. Aber Vorsicht: Wenn Ihre Katze sich mit Krämpfen auf dem Boden wälzt, will sie Ihnen vielleicht auch nur ein schlechtes Gewissen machen, weil Sie schon wieder Knäckis mit Huhn statt mit Käse gekauft haben.

Verbrennungen

Seit 1985 weltberühmt: „Die Katze auf dem heißen Blechdach". Genauso beliebte Dauerbrenner: Die Katze auf der heißen Herdplatte/auf dem heißen Bügeleisen/auf der heißen Kühlerhaube.

Ein guter Tierarzt wird sich viel Zeit nehmen, um Ihnen alles Wichtige zu erklären und mit Rat und Tat zur Seite zu stehen.

Tierarzt	Deutsch
„Ist er eine Wohnungskatze?"	Sie herzloses Ungeheuer!
„Ist er ein Freigänger?"	Wollen Sie Ihre Katze umbringen?
„Ob Sie Ihre Katze impfen sollen?"	Aus welchem Jahrhundert kommen Sie denn?
„Ist ja nicht Ihre Schuld, dass Bommel beißt!"	Würde ich auch, wenn ich Ihre Katze wäre.
„Das ist ein ganz schmerzloser Eingriff."	Schmerzlos? Sodom und Gomorrha! Ihre Katze wird Sie hassen!

„Das wird jetzt ein bisschen pieksen."	Willkommen in der Hölle!
„Das könnte jetzt etwas wehtun."	Die Hölle? Haha, niedlich!
„Helfen Sie mir mal, Ihre Katze festzuhalten."	Die wunderbare Freundschaft zwischen Ihnen und Ihrer Katze wird jetzt für immer flöten gehen.

Vier Erkrankungen, die immer und ausnahmslos jede Katze beim Tierarzt bekommt, sollen hier nicht unter den Untersuchungstisch fallen.

Präveterinärer Infarkt

Die bereits erwähnte lautstarke Nummer, die Ihre Katze im Wartezimmer abzieht – und die Sie vermutlich genauso abziehen würden, wenn Sie eine Stunde lang in einer vergitterten Plastikbox säßen, während Sie von drei sabbernden Dobermännern, einem übergewichtigen Zwergkaninchen und einem röchelnden Papagei beäugt würden.

Untersuchungshysterie

Lassen Sie sich nicht vom Anblick Ihrer in Schockstarre auf dem Behandlungstisch liegenden Fellnase täuschen: Sowie der Arzt auch nur einen Finger auf das Tier legt, wird es sich an Ihrem Gesicht festkrallen, Haarbällchen auf den Arzt spucken, aus voller Kehle brüllen und kreischend wie ein wild gewordener Flummi quer durch den Behandlungsraum zum Kippfenster rausdotzen.

Vorführungseffekt

Grundsätzlich werden alle beunruhigenden Symptome, wegen denen Sie überhaupt erst mit Ihrer Katze zum Tierarzt gegangen sind, vollkommen verschwunden sein, sobald Ihr Liebling auf dem Untersuchungstisch liegt. Die Augen sind klar, Ohren, Nase und Fell frei von auffälligen Pünktchen, Schleim oder Schnodder. Erst auf der Heimfahrt tauchen die verdächtigen Symptome wieder auf. In verstärkter Form. Dafür sind Sie jetzt um mindestens 79,59 Euro ärmer (fünf Prozent Nachlass bei Barzahlung).

Postveterinäres Syndrom

Ganz egal, was beim Tierarzt war, ja selbst wenn dieser nichts weiter getan hat, außer Ihrer Katze über den Kopf zu streicheln und ihr ein Leckerli zu geben: Zu Hause angekommen, wird sie vollkommen benommen aus der Transportbox taumeln, Sie vorwurfsvoll anstarren, sich auf Teppich, Sofa oder hinter der Waschmaschine übergeben, dreimal durchtapsen und dann für die nächsten Tage unauffindbar bleiben.

Ihre Katze wird den Tierarzt übrigens niemals so voll und ganz ins Herz schließen. Ist ja kein Wunder. Denn egal, wie freundlich der auch tun mag, Ihre Katze weiß ganz genau: Im Falle eines Falles wird er ihr jederzeit, ohne auch nur mit der Wimper zu zucken, ein eiskaltes Fieberthermometer in den Allerwertesten rammen.

Medizin geben – gewusst wie

Vielleicht hat der Tierarzt Ihnen Tabletten mitgegeben, die Sie der Katze verabreichen sollen. Nichts einfacher als das! Zermörsern Sie einfach die Tablette, und mischen Sie die Krümel unauffällig unters Futter.

Hilfreiche Redewendungen

„Jetzt gibt's Futterchen!"
„Da hat aber einer Hunger!!!"
„Mmmhhhhm, ist das lecker!"
„Und schwupp – weg!"

„Schwupp – weg!" ist an dieser Stelle natürlich gar nichts. Denn im Normalfall hat die Katze jetzt alles brav aufgegessen, außer den seltsamen, bitter riechenden, weißen Bröseln im Futter. Heißt: Sie müssen der Sache etwas nachhelfen. Halten Sie die Katze mit sanftem, aber festem Griff im Arm, und schieben Sie die Tablette in ihren Mund.

Hilfreiche Redewendungen

„Braves Kätzchen!“

„So ist's gut.“

„Guck mal, das geht gaaaanz einfach.“

„Und zack!“

Holen Sie nun die schreiende Katze von der Deckenlampe und die Tablette unter dem Schuhschrank hervor und fangen Sie von vorne an. Diesmal mit Verstärkung. Rufen Sie am besten zwei Freunde zu Hilfe, die mit anpacken.

Hilfreiche Redewendungen

„Ich hab ihn!“

„Hast du ihn?“

„Autsch!“

„Mist!“

Nachdem Sie mehrere Versuche unternommen und dabei die gesamte Monatsration Tabletten in jeden Winkel Ihrer Wohnung außer im Schlund Ihrer nun unterm Sofa kauernden Katze verteilt haben, fangen Sie in Gottes Namen endlich die Katze, pressen ihr die Tablette in den Mund, drücken ihre Kiefer zusammen, streicheln ihre Kehle und die Unterseite des Kiefers – um den Schluckreflex zu aktivieren – und fertig. Nun können Sie Ihre

Wunden verarzten und die losen Haarbüschel und abgesprungenen Knöpfe aller Beteiligten zusammenfegen. Na, bitte. Geht doch!

Bevor Sie der Katze Medizin verabreichen, müssen Sie natürlich ihr Gewicht für die richtige Dosierung kennen. Ansonsten sollten Sie Ihre Katze aber auch von Zeit zu Zeit wiegen. Einfach mit Katze auf die Waage stellen und das Gewicht notieren. Dann ohne Katze auf die Waage und das angezeigte Gewicht vom bereits ermittelten abziehen. Da Ihre Katze sich wahrscheinlich weigern wird, mit Ihnen auf die Waage zu steigen, dafür aber unter Garantie drübertapst, wenn Sie sich alleine draufstellen wollen, machen Sie das mit dem Rechnen eben umgekehrt.

Woran Sie erkennen, ob Ihre Katze zu dick ist

- Ihre Katze ist seit 17 Monaten schwanger.
- Ohne Gleitmittel passt sie partout nicht mehr durch die Katzentüre.
- Unter ihrem Fell sind keine Knochen ertastbar – nur Pizzarandstücke.
- Ihre Katze kann den Boden mit ihrem Bauch polieren.
- Sie können Ihre Katze nicht mehr hochheben, ohne einen Bandscheibenvorfall zu riskieren.
- Sie müssen die Feuerwehr nicht mehr zu Hilfe rufen, wenn Ihre Katze im Baum sitzt. Der Ast wird von alleine abbrechen.

Die große Katzenwäsche

Katzen verbringen bis zu 25 Prozent ihres Lebens damit, sich zu putzen. Vielleicht ist das der Grund dafür, dass immer behauptet wird, Katzen seien selbstreinigend und müssten niemals gebadet werden. Katzenbesitzer wissen es besser! Sobald Ihre Katze riecht wie ein Thunfisch, der drei Wochen in einer Tupperdose gelegen hat, steht eine Wanne an.

Nun ist das Baden einer Katze ein sehr spezielles Erlebnis, das mit nichts zu vergleichen ist. (Es sei denn, Sie sind schon mal in eine Schredderanlage gefallen.) Die Aufgabe wird Ihnen jedenfalls leichter von der Hand gehen, wenn Sie kampfsporterprobt sind und angemessene Schutzkleidung tragen. Falls es Ihnen gelingt, die Katze in einem Überraschungsmoment in einer einzigen fließenden Bewegung hochzuheben, in die volle Badewanne zu tunken, mit Katzenshampoo einzuschäumen, abzuschrubben, abzubrausen, abzutrocknen und die Krallen aus Ihrem Schenkel zu befreien, haben Sie es geschafft – auch wenn Ihre Katze Sie nach diesem Vorgang ein paar Tage mit dem Arsch nicht anguckt: Immerhin riecht sie jetzt besser.

Über Freigänger und Stubenkatzen

Die Hälfte aller Katzenbesitzer ist der Meinung, es sei Tierquälerei, eine Katze in der Wohnung einzusperren; die andere ist wiederum davon überzeugt, es sei unmenschlich, die Katze den Gefahren in der freien Natur auszusetzen. Wie Sie es auch anstellen: Sie werden es verkehrt machen. Das ist doch schon mal eine gute Ausgangsbasis (oder eben, je nachdem: Nichtausgangsbasis) für Ihre Entscheidung.

Unabdingbar bei einer frei laufenden Katze ist natürlich, dass sie gekennzeichnet ist. Hier gibt es mehrere probate Möglichkeiten, zwischen denen Sie sich entscheiden können:

Chippen

Hierbei injiziert der Tierarzt einen mit Informationen gespeisten Mikrochip unter die Haut der Katze. Sollte Ihre Samtpfote tatsächlich mal abhanden kommen und von jemandem gefunden werden, kann sie dann ganz einfach mithilfe eines handelsüblichen Scannergeräts identifiziert werden. Das reiskorngroße Implantat behindert Ihre Katze überhaupt nicht und ist zudem von außen komplett unsichtbar. Um genau zu sein: so unsichtbar, dass kein normaler Mensch, der Ihre Katze findet, jemals auf die Idee kommen würde, sie beim Tierarzt oder im Tierheim scannen zu lassen.

Tätowieren

Können Sie zusätzlich machen lassen, wenn Sie auf Nummer sicher gehen wollen. Dazu wird unter Vollnarkose und in einer aufwändigen und schmerzhaften Prozedur eine mehrstellige Zahl ins Ohr Ihrer Katze tätowiert, die nach ein paar Jahren bis zur Unleserlichkeit verblasst.

Peilsender

Mit einem elektronischen Ortungssender, der am Halsband Ihrer Katze befestigt wird, können Sie Ihre Katze rund um die Uhr überwachen. Vorausgesetzt, die Katze bewegt sich in einem Umkreis von 122 Metern – also nur bis zum Altglascontainer, aber nicht bis zum Vogelhäuschen des Nachbarn zur Linken oder zur rolligen Katze des Nachbarn zur Rechten. Falls Ihre Katze den vorgeschriebenen Radius aus irgendwelchen unerklärlichen Gründen (Vogel beziehungsweise rollige Katze) tatsächlich mal verlassen sollte, werden Sie mit einem lauten Piepsignal darüber informiert. Auf diese Weise kommen Sie flugs zu Ihrem ausgebüchsten Liebling oder zum Zaun, an dem er das Halsband abgestreift hat, oder zu einem formidablen Tinnitus.

Verkleiden

Besonders in Japan ist es eine lieb gewordene Sitte, seine Katze zu kostümieren. Wenn Ihre Katze wie eine dreißig Zentimeter hohe Geisha, ein zwergwüchsiger Feuerwehrmann oder ein riesiger Laubfrosch durch die Nachbarschaft tänzelt, stürmt oder hüpft, wird sie jedenfalls garantiert mit keiner anderen Katze verwechselt. Und selbst der Tierfänger wird sich mit Grauen abwenden.

Katze verschwunden! Was jetzt?

Was, wenn Ihre Katze tatsächlich mal nicht zur gewohnten Zeit nach Hause kommt? Keine Sorge. Dass Katzen ein bis zwei Tage durch die Gegend stromern, ist ganz normal. Selbst wenn die Katze zwei Tage und eine Stunde fort ist, besteht kein Anlass, in Panik zu verfallen. Erstens haben Sie ja mindestens eine oder aber alle oben genannten Sicherheitsmaßnahmen ergriffen. Und zweitens hat Ihre Katze ja schließlich ein Halsband an, das mit Ihrem Namen, Ihrer Telefonnummer und Ihrer Adresse versehen ist. Also jedenfalls hatte Ihre Katze heute Morgen noch ein Halsband an, das mit Ihrem Namen, Ihrer Telefonnummer und Ihrer Adresse versehen ist. Mit anderen Worten: Ihre Katze hat natürlich schon längst kein Halsband mehr an, das mit Ihrem Namen, Ihrer Telefonnummer und Ihrer Adresse versehen ist. Und damit auch keine Plakette, auf der man die Nummer des Tierschutzvereins und die Identifizierungsnummer Ihres ordnungsgemäß überall registrierten Lieblings lesen könnte.

Stattdessen irrt sie – der Himmel weiß wo – herrenlos umher. Na fein, jetzt haben Sie den Salat und jeden Grund, in Panik zu verfallen.

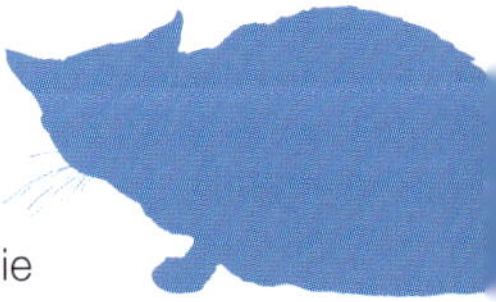

Schon eine Katze in der heimischen Wohnung zu suchen ist schier unmöglich – selbst wenn die

Wohnung unmöbliert und so groß wie eine Briefmarke ist. Eine Katze außerhalb der eigenen vier Wände zu finden, erfordert detektivische Qualitäten, die Sherlock Holmes wie einen Waisenknaben aussehen lassen.

Die Suche: So gehen Sie vor

Wichtig ist, dass Sie unverzüglich mit der Suche beginnen. Gehen Sie jede einzelne Straße, jeden Fußweg, jeden Trampelpfad, jeden Winkel und jede Ritze Ihrer Nachbarschaft in Hockhaltung und mit einer Hochleistungstaschenlampe ab. Durchkämmen Sie die Gärten, kriechen Sie auf allen vieren unter Sträucher und Hecken, erklimmen Sie Bäume und untersuchen Sie die Grundstücke auf Katzenhaare, Pfotenabdrücke und Fäkalien. Klingeln Sie an den Haustüren aller Nachbarn Sturm und bitten Sie um Einblick in deren Wohnungen, Kellerräume, Dachböden, Balkone, Hinterhöfe, Geräteschuppen, Garagen, Wassertonnen und Fahrzeuge. Inspizieren Sie die Wohnräume verreister Nachbarn, so gut es geht, mit dem Fernglas. Verhören Sie den Bäcker, den Metzger, den Schuhverkäufer, die Supermarktkassiererin, den Bankangestellten, den Briefträger, Jogger, Kinder, andere Katzenbesitzer sowie Hundehalter, Freunde, Nachbarn, Bekannte, halbwegs Bekannte und Wildfremde. Schließlich könnten diese wertvolle Hinweise geben, die zum Wiederauffinden Ihres verschollenen Gefährten führen.

Hilfreiche Bemerkungen
„Ich hab die vorletzte Woche noch gesehen!“
„Die ist bestimmt unters Auto gekommen!“
„Hier soll gerade auch ein Katzenfänger umgehen!“
„Ja, damit muss man bei Katzen immer rechnen!“

Laufen Sie in den frühen Morgenstunden, wenn noch alles schläft, „Miez, Miez“ schreiend und mit der Futterdose klappernd durch die Straßen. Rufen Sie die umliegenden Tierärzte, Tierkliniken, Tierheime, Fundbüros und Polizeidienststellen an. Melden Sie Ihr Tier bei allen nationalen und internationalen Tierschutzvereinen als vermisst, und befestigen Sie Suchplakate mit dem Foto und einer Beschreibung Ihrer Katze an Hauswänden, Laternenpfählen, Bäumen und Briefkästen. Lassen Sie auch Flugblätter mit Foto, Adresse und Telefonnummer drucken, die Sie im Umkreis von drei Kilometern in den Briefkästen verteilen.

Hilfreiche Formulierung
Wer hat unser kleines, süßes Kätzchen gesehen?
Riesenbelohnung!

Weniger hilfreiche Formulierung
Wer hat unseren dicken, alten Kater gesehen?
Belohnung!

Noch weniger hilfreiche Formulierung

Wer hat unseren blöden Mistkater gesehen, der schon wieder ausgebüxt ist?
Warmer Händedruck!

Überhaupt nicht hilfreiche Formulierung

Gesucht: tot oder lebendig!

Durchsuchen Sie sämtliche Internetforen, stellen Sie eine Anzeige mit dem Bild Ihrer Katze ins Netz, setzen Sie eine Annonce in die örtliche Zeitung, hinterlassen Sie eine Meldung auf Ihrem Anrufbeantworter und verständigen Sie die örtliche Pressestelle und das Fernsehen.

Auch auf die Gefahr hin, dass man Sie irgendwann wegen Ruhestörung und Erregung öffentlichen Ärgernisses anzeigt, lassen Sie sich von Ihrer Mission nicht abbringen! Denken Sie immer daran: Je mehr Menschen auf Sie und Ihr Treiben aufmerksam werden, desto größer ist die Wahrscheinlichkeit, dass Sie Ihre Katze bald wiederfinden. Und zwar unter einer Wolldecke auf dem heimischen Sofa, wo sie friedlich die ganze Zeit gelegen hat, ohne einen Mucks von sich zu geben.

Die beliebtesten Katzenmythen

Ihre Katze ist nicht die einzige, die Sie zum Besten hält. Zum Thema Katze kursiert allerlei Aberglaube, der zwar jeder Wahrheit entbehrt, sich aber nichtsdestotrotz hartnäckig hält. Hier die bekanntesten Mythen über Fellnasen:

Mythos 1: Katzen haben sieben Leben

Dieser Mumpitz kommt, will man dem „Duden" Glauben schenken, daher, dass die Zahl sieben in der christlichen Numerologie als Synonym für die Ewigkeit interpretiert wird. Die Zahl setzt sich zusammen aus der Drei, die das Göttliche symbolisiert, und der Vier, die für das Weltliche steht. Und was hat die Katze nun mit der Ewigkeit zu schaffen? Wahrscheinlich liegt das an ihrer beweglichen Wirbelsäule und ihrem ausgeprägten Gleichgewichtssinn: Katzen sind so wahnsinnig geschickt und wendig, dass sie die erstaunlichsten Situationen meistern und dem Tod quasi mehr als einmal von der Schippe springen. Sollten Sie dennoch an den Quatsch mit den sieben Leben glauben, gehen Sie vorsichtshalber von der Annahme aus, Ihre Katze befände sich gerade im siebten Leben.

Mythos 2: Katzen und Hunde hassen sich

Seit Jahrhunderten weiß jedes Kind, dass sich Katz und Hund spinnefeind sind. Komisch eigentlich. Laut Forschungsergebnissen der „Tel Aviv University" kommen sie nämlich

ganz gut miteinander klar – wenn man sie nur jung genug zusammenbringt. Auch erwachsene Katzen hassen Hunde nicht. Sie verachten sie höchstens ein bisschen.

Wieso? Vielleicht einfach deshalb, weil Hunde platzen, falls man nicht um sechs Uhr früh mit ihnen Gassi geht. Und weil man ihren Kot mit blöden Schäufelchen und Plastikhandschuhen wegmachen muss. Weil sie einen mitten in der Nacht mit fürchterlichem Gebell aufwecken, bloß weil sich ein Grashalm bewegt hat. Weil sie ihrer Liebe dadurch Ausdruck verleihen, dass sie einen mit Eimern von Sabber beschmieren. Weil sie einem, sowie man durch die Türe kommt, die Schnauze in den Schritt rammen, als würde man Unterwäsche aus Chappi tragen. Weil sie ihre Ohren nicht unabhängig voneinander bewegen können. Weil sie einfach nicht auf den Füßen landen können. Weil sie komplett verloren sind, wenn man sie auch nur eine Straße weiter weg aussetzt. Weil sie am Essenstisch nach Tischabfällen winseln. Weil sie Männchen, Sitz und Platz machen. Weil sie sich im Abfall wälzen. Und weil sie nach Hund aussehen, klingen und riechen. Aber das sind natürlich nur reine Vermutungen.

Mythos 3: Katzenhaare lösen Allergien aus

Das glauben viele – stimmt aber gar nicht. Nicht auf die Haare, sondern die mikroskopisch kleinen Eiweißstoffe im Speichel der Katze reagieren manche Menschen allergisch.

Weil Katzen sich aber ständig von Kopf bis Fuß ablecken, ist natürlich jedes einzelne Haar voll mit den Dingern. Pah! Na und? Was sind schon Schnupfen, Niesen, gerötete Augen, Kopfschmerzen, Schlaflosigkeit und Asthma gegen eine kuschelige Katze! Davon lässt sich ein echter Katzenliebhaber nicht unterkriegen!

Mythos 4: Katzen sind feige

„Retter auf vier Pfoten" heißt die Auszeichnung, die jedes Jahr von einer hochkarätigen europäischen Jury verliehen wird* – an Tiere, die außerordentliche Heldentaten vollbracht haben. So wurde eine Burmakatze ausgezeichnet, die die Filmdose mit den Tabletten, mit denen eine Frau sich gerade das Leben nehmen wollte, durch die gesamte Küche kullerte und dann (zu ihrem eigenen Verdruss) unerreichbar hinter die Spülmaschine schoss. Eine andere Preissiegerin, eine junge Siamkatze, hatte just in dem Moment an der Badezimmertüre gescharrt, als ihre Besitzerin kurz davor war, in der Wanne einzuschlafen. Und die dritte Katzenheldin, eine Abessinierkatze, löste durch das Knabbern an einem Kabel Feueralarm aus – eine halbe Stunde, bevor Feuer in einem benachbarten Haus ausbrach.

* Aktuell nominiert sind eine Kartäuserkatze, deren lautes Knabbern an Katzenrollis einen Einbrecher in die Flucht schlug; eine bengalische Katze, die schlafend auf der Kellertreppe lag und dadurch einen notorischen Ehebrecher zu Fall brachte; eine Perserkatze, die auf dem Gesicht ihres Besitzers saß und ihn so vor einem bösen Sonnenbrand rettete.

Mythos 5: Katzen gehören nach draußen

Auf jeden Fall! Zumindest falls Sie eine sehr vorsichtige oder sehr gehfaule Katze haben. Oder, sagen wir mal, jwd auf einem schnuckeligen, kleinen Bauernhof wohnen, wo Fuchs und Hase sich Gute Nacht sagen. Falls Sie mit einer durchschnittlich umtriebigen Katze allerdings an der B 29, einer Großbaustelle oder einer mittel befahrenen Stadtstraße wohnen, bedeutet jedes Rauslassen russisch Roulette spielen. Kurzum: Es ist einfach blöd. Wie blöd? Die Älteren unter uns erinnern sich sicher an den legendären Gefahrensucher Rex Kramer im Film „Kentucky Fried Movie", der sich zur Demonstration seines Mutes in die Mitte einer Gruppe von Afroamerikanern stellt und lauthals „Nigger!" schreit. In etwa SO blöd! Um es in Zahlen auszudrücken: Die durchschnittliche Lebensdauer eines Freigängers beträgt rein statistisch gesehen nur zwei bis drei Jahre. Katzen, die ausschließlich in der Wohnung sind, werden dagegen bis zu etwa 15 Jahre alt. Dem könnte man natürlich entgegenhalten, dass ein kurzes Leben in Freiheit allemal besser ist als 15 Jahre Gefangenschaft. Tja. Das müssen nun wieder Sie beurteilen.

Mythos 6: Katzen sind eine Gefahr für Babys

Früher glaubte man, Katzen würden sich auf schlafende Babys und Kleinkinder legen und sie plattmachen. Heute weiß man: Die Wahrscheinlichkeit, dass Babys sich auf schlafende Katzen legen und diese plattmachen, ist ungleich höher. Zudem finden viele kleine Kinder es ziemlich lustig, Tüten oder Dosen an Katzenschwänze zu binden, Katzenohren mit Edding anzumalen, Katzen mit der Papierschere eine neue Frisur zu verpassen, sie aufs Dreirad zu setzen, in Puppenklamotten zu stecken und was nicht sonst noch alles. Aber keine Sorge: Sie müssen weder Ihr Kind ins Waisenhaus noch Ihre Katze ins Tierheim geben. Seien Sie einfach etwas auf der Hut.

Mythos 7: Katzen können Ereignisse voraussehen

Es heißt ja öfters, Katzen besäßen einen siebten Sinn, mit dem sie nahende Erdbeben, Unwetter oder Vulkanausbrüche vorausahnen können – sowie sie auch spüren, wenn ihr Mensch in Gefahr ist oder es ihm schlecht geht. Kann sein, dass da was dran ist. Aber glauben Sie bloß nicht, das hätte irgendwelche positiven Folgen. Ob Sie schluchzend und mit gebrochenem Herzen unter der Bettdecke oder mit Schädelbasisbruch am Fuß der Dachbodentreppe liegen: Ihre Katze wird sehr wahrscheinlich lediglich kurz erstaunt aufblicken und dann vollkommen unbekümmert weiter am Hausschlappen schnüffeln, Fliegen jagen oder mit dem Pappkarton auf dem Kopf hin- und herstolzieren. Eine Ausnahme gibt es: Wenn Sie hohes Fieber haben und so richtig schweißgebadet im Bett liegen, wird der pelzige Liebling sich garantiert an Sie kuscheln – dann nämlich, weil Sie so schön warm sind!

Mythos 8: Katzen finden immer den Weg nach Hause

Tausende von Kilometern sollen Katzen ja angeblich zurücklegen können, um wieder nach Hause zu kommen – behaupten einige Katzenfreunde. Andere sprechen von Entfernungen bis zu höchstens zehn Kilometern. Genaueres weiß wieder mal niemand. Außer dass Katzen sich möglicherweise an Geräuschen (Kirchenglocken, Bachgeplätscher, spielende Kinder beispielsweise) in ihrer Umgebung orientieren. Wieder andere glauben, dass sie eine Art inneres, parapsychologisches Orientierungssystem haben, welches die Schwerkraft der Erde nutzt, um ihren Standort zu bestimmen. Hm, hm! Gut möglich, dass Katzen auch einfach Straßenkarten und Hinweisschilder lesen können und sogar – falls es sich um weibliche Katze handelt – Passanten nach dem Weg fragen. Wer weiß? Wir werden es nie erfahren!

Mythos 9: Katzen landen immer auf den Füßen

Wieder so eine Binsenweisheit, die einige Leute für bare Münze nehmen. Ja, die Katze hat den sogenannten Stellreflex: die Fähigkeit, sich während des Fallens so zu drehen, dass sie mit den Füßen zuerst landet. Dies verdankt sie einem Gleichgewichtsorgan in ihrem Innenohr, das sämtliche Kopfbewegungen nach der Stellung der übrigen Körperteile ausrichtet. Stürzt die Katze, wird ein Befehl an das Gehirn geschickt, den

<opf waagerecht zu halten. Und nein: Das ist kein hinreichender Grund, die Katze aus dem Fenster zu werfen, nur um mal zu gucken, ob das mit dem Auf-die-Füße-Fallen funktioniert. (Man glaubt ja gar nicht, was Leute so alles machen!) Wenn die Fallhöhe zu gering ist, hat das Innenohr nämlich gar keine Zeit, Befehle zu erteilen. Und wenn die Fallhöhe zu hoch ist, klappt das mit dem Aufprallabfedern nicht mehr. Und dann ist die Katze futsch. Selbst einen mit Butter beschmierten Toast – der ja bekanntlich immer auf der Vorderseite landet – auf den Rücken der Katze zu binden und diese aus dem Fenster zu werfen, funktioniert nicht. Also: Am besten verwerfen Sie die Sache mit dem Werfen.

Mythos 10: Katzen sind Einzelgänger

Dachte man lange. Bis der renommierte Zoologe und Verhaltensforscher Paul Leyhausen, auch als „Katzenpapst" bekannt, herausfand, dass frei laufende Katzen sich abends mit Kumpels treffen, ein paar Stunden friedlich zusammenhocken und dann wieder zufrieden heimtingeln – wie ganz normale Kneipenbesucher eben. Dass die beliebtesten Katzenkneipen unter Autos sind, weiß man wiederum seit der findige Aachener Ingenieur Jürgen Perthold auf die Idee kam, seiner Katze Mr. Lee eine winzige Catcam um den Hals zu hängen, die im Eineinhalb-Minuten-Rhythmus alles fotografierte, was der Kater den lieben langen Tag über so trieb. Und die Filme auf „YouTube" stellte – mit der Folge, dass Mr. Lee binnen kurzer Zeit zur berühmtesten Katze der Welt wurde.

Mythos 11: Katzen können im Dunkeln sehen

Im Dunkeln ist gut munkeln. Zum Käferfangen sowie zum Mottenanspringen und Sich-an-die-Nachbarskätzin-Ranmachen braucht man aber selbst als nachtaktives Tier zumindest ein ganz kleines bisschen Licht. Eine Art Spiegel im Auge sorgt deshalb nicht nur dafür, dass Katzenaugen im Dunkeln leuchten wie Sportplatzscheinwerfer, sondern auch dafür, dass das einfallende Licht extrem verstärkt wird. Übrigens: Katzenurin leuchtet ebenfalls im Dunkeln. Falls Sie also mal was, na ja, Befremdliches riechen, aber nichts finden, gehen Sie mal mit Schwarzlicht durchs Haus!

Mythos 12: Wenn Katzen schnurren, sind sie zufrieden

Aha! Kann gut sein. Kann aber genauso gut sein, dass Ihre Katze schnurrt, weil sie gerade ziemlich in der Klemme ist. Der britische Tierforscher Desmond Morris fand heraus: Kätzisches Schnurren ist ein Zeichen von Freundschaft. Und das kann nun zweierlei bedeuten: Entweder befindet sich die Katze in freundschaftlicher Gesellschaft oder aber sie würde wahnsinnig gerne mit ihrem Gegenüber (zum Beispiel einer zähnefletschenden dänischen Dogge) Freundschaft schließen. Dann bedeutet das Schnurren eher so was wie: „Hey, alles cool. Du würdest einem harmlosen Typen wie mir doch nichts antun, oder? Guck mal, da hinten, der Pinscher, der hat dich gerade ganz blöd von der Seite angelabert!“ Allerdings konnte noch niemand herausfinden, wo und wie Katzen das Schnurrgeräusch eigentlich genau produzieren. Auch schon wieder so ein Rätsel!

Mythos 13: Milch ist gut für Katzen

Richtig. Und zwar ungefähr so gut wie Wein, Schnaps und Bier für Menschen. Die meisten Katzen haben nämlich nach den ersten drei Lebensmonaten eine Laktoseintoleranz und kriegen schwuppdiwupp Würfelhusten oder Durchfall, sobald sie einen Schluck Kuhmilch zu viel gebechert haben. Prost!

Mythos 14: Schwarze Katzen bringen Unglück

Schwarz war ja schon immer die Farbe des Bösen. Das hat auch auf Katzen abgefärbt. Im Mittelalter hieß es, Hexen würden sich in schwarze Katzen verwandeln oder zumindest schwarze Katzen auf der Schulter spazieren tragen. Pech für die, deren Katze ihnen im falschen Moment auf die Schulter hüpfte: Die landeten schon mal auf dem Scheiterhaufen. Heute ist Schwarz höchstens für die Katze selbst eine Unglück bringende Farbe – wenn sie nämlich bei Dunkelheit wie eine gesengte Sau quer über die Fahrbahn flitzt.

Mythos 15: Kätzinnen sollten mindestens einmal im Leben Kinder kriegen dürfen

Klar – schließlich brauchen Tierheime, Zooläden und Versuchslabore Nachschub! Wer schon einmal gesehen hat, wie

das mit der Katzenpaarung vonstattengeht, könnte Kätzinnen ebenso gut die Pest, die Steuerfahndung oder sieben Jahre Dürre an den Hals wünschen. Im wahrsten Sinn des Wortes. Der Kater beißt der Kätzin nämlich zum Vorspiel erst mal ordentlich in den Nacken, bevor er ihr sein mit Widerhaken (!) versehenes Glied einführt. Kein Wunder, dass die Kätzin ihn Sekunden später mit ordentlichem Gefauche von sich stößt.

Mythos 16: Katzen aus Tierheimen haben eine Macke

Ach, das haben ja die meisten Lebenspartner, die man aus zweiter Hand bekommt. Wen wundert's. Schließlich haben sie oft eine schwierige Vorgeschichte. Wenn Sie damit leben können, dass die Katze Sie ein paar Wochen lang nur misstrauisch aus dem Schuhschrank heraus beäugt oder Angst vor Männern mit Backenbart und Breitcordhosen hat oder sich für eine Stehlampe hält, spricht nichts dagegen, es mit einer Katze aus dem Tierheim zu versuchen. Bei Lebenspartnern mit eben genannten Verhaltensweisen ist freilich gesunde Vorsicht geboten.

Katze und Urlaub

Mit der Katze auf Reisen

Wer seine Katze liebt, will sie natürlich immer um sich haben. Selbst im Urlaub. Warum auch nicht? Die Geschichte ist voll von abenteuerlustigen Katzen, die kreuz und quer durch die Weltgeschichte gereist sind. Na gut, zumindest soll es Gerüchten nach vereinzelt Katzen geben, die nicht gleich Zeter und Mordio schreien, wenn man versucht, sie von ihrer gewohnten Umgebung zu entfernen. Der Siamkater Louis Quatorze zum Beispiel ist in den 40er-Jahren mit seinen Besitzern Beulath und Sanford Roth mit der Bahn durch ganz Europa getuckert. Eine andere schon legendäre Katze, nämlich Ti-Puss, hat mit der Schriftstellerin Ella Maillart den gesamten indischen Subkontinent durchquert. Und eine Katze namens Felicette schaffte es im Oktober 1963 an Bord einer Raketensonde sogar bis in den Weltraum.

Falls Sie Ihre Katze mit auf große Tour nehmen wollen, können Sie das natürlich auf dem Luftweg tun. Bei vielen Fluggesellschaften darf Ihre Katze im Passagierraum mitreisen – in einer luftdurchlässigen Transportbox, die unter Ihren Sitz gestellt wird. Einige Katzenbesitzer halten das für die entspannteste Art, mit ihrem Liebling nach Malle oder auf die Malediven zu gelangen. Umsitzende Passagiere und das Flugpersonal teilen diese Meinung jedoch nicht uneingeschränkt und ausnahmslos.

Nützliche Redewendungen

„Ich habe wirklich keine Ahnung, warum Ihr Hosenbein nass ist." (zum Hintermann)

„Also, ich rieche nichts!" (zu den Umsitzenden)

„Danke für den Wischmob." (zur Stewardess)

„Brauchen Sie vielleicht Erste Hilfe?" (zum katzenallergischen Vordermann)

Weniger hilfreiche Redewendung

„Ups! Katzenboxklappe aufgegangen!"

Größere Katzen kommen, falls sie weder über zwanzig Kilo wiegen noch explosive Stoffe beinhalten, als „Luftfracht" in den Frachtraum. Das kann sich allerdings unter Umständen als harte Prüfung herausstellen – womöglich nicht allein für die Katzen, sondern auch für deren Besitzer.

Nützliche Redewendungen

„Würden Sie kurz mal zwischenlanden? Ich glaube, mein Gepäck miaut!"

„Können wir ein bisschen schneller fliegen?"

„Ich schreie nicht. Ich frage nur!"

„Eine Minute Verspätung? Das ist nicht Ihr Ernst!"

„Lassen Sie mich sofort ans Steuer."

„Das ist nur ein Herzinfarkt."

Müssen Sie also wirklich mit Ihrer Schmusekatze in den Urlaub fliegen, dann buchen Sie nur Nonstop-Flüge, die nicht länger als drei Stunden dauern, fliegen Sie nicht an heißen, kalten oder sonst wie unwirtlichen Tagen, vermeiden Sie große, laute oder bevölkerte Flughäfen sowie Termine, an denen viel Flugverkehr herrscht – zum Beispiel in den Schulferien, an Feiertagen und am Wochenende. Und reisen Sie keinesfalls im Businessverkehr von Montag bis Freitag. Anders gesagt: Fliegen Sie einfach nicht mit Ihrer armen Katze in den Urlaub, sondern versuchen Sie in Herrgottsnamen, wenn es denn unbedingt sein muss, irgendwie anders hinzukommen: per Auto, Bahn, Bus, Schiff, Fahrrad, Rollschuhe, zu Fuß, auf den Händen – Ihre Katze findet ALLES besser als fliegen!

Am Urlaubsort

Wie auch immer Sie Ihr Urlaubsziel letztendlich erreichen: Nachdem Sie und Ihre Katze erst mal die vielerorts übliche mehrtägige oder -wöchige Quarantäneprozedur hinter sich gebracht haben, kann der Urlaub losgehen! Und dieser wird ganz sicher – tja, wie soll man einen Urlaub mit Katze treffend auf einen Punkt bringen: aufregend? Ereignisvoll? Ein bezaubernder Mix aus Fürsorgepflichten und Katastrophenalarm? So viel sei gesagt: Es ist durchaus ratsam, sich ein wenig in der Landessprache ausdrücken zu können.

Fremdsprache ***(Engl. / Frz. / Span.)***	Deutsch
„Hello, I'm from Germany and this is my cat." ***„Bonjour. Je viens d'Allemagne, et c'est mon chat."*** ***„Hola. Soy de Alemania, y este es mi gato."***	Hallo. Ich komme aus Deutschland, und das ist meine Katze.
„She usually never does that!" ***„Elle ne fait jamais ça!"*** ***„¡No hace nunca eso!"***	Das macht sie sonst nie!
„You can easily wash it out." ***„Ça va partir au lavage!"*** ***„Esto se puede lavar."***	Das wäscht sich wieder raus!
„The curtain already looked like that beforehand!" ***„Avant le rideau était beau!"*** ***„¡La cortina ya estaba así antes!"***	Der Vorhang sah vorher schon so aus!

„I will replace your canary."
„Je vous remplace le canari."
„Le conseguiré otro canario."

Ich ersetze Ihnen den Kanarienvogel.

„Did you see a cat without a collar running in that direction?"
„Avez-vous vu un chat sans collier courir dans cette direction?"
„¿Ha visto usted un gato sin collar corriendo en esa dirección?"

Haben Sie eine Katze ohne Halsband in diese Richtung rennen sehen?

„I'm not saying a word without my lawyer."
„Je ne dis rien sans mon avocat."
„Sin mi abogado, no digo nada."

Ohne meinen Anwalt sage ich nichts.

Auch Ihre Katze sollte für den Fall immer ein paar Basisbegriffe parat haben.

Fremdsprache	Deutsch
Englisch: „Meow“	Miau
Französisch: „Miaou“	Miau
Italienisch: „Miao“	Miau
Spanisch: „Miau“	Miau
Niederländisch: „Miauw“	Miau
Chinesisch: „Mao“	ehemaliger chinesischer Staatspräsident

Aber keine Sorge: Selbst wenn Sie beide die Sprache Ihres Urlaubslands nicht fließend sprechen, werden die Einheimischen Ihre liebenswerten, radebrechenden Kommunikationsversuche zu schätzen wissen und Sie mit offenen Armen empfangen. Lediglich in einigen wenigen Ländern wie Südchina, Nordvietnam oder Peru sollten Sie besser auf der Hut sein, wenn die Herzlichkeit so weit geht, dass man Ihre Katze in die Küche einlädt.

Hilfreiche Redewendungen

是我你的子猫 – Ist das meine Katze auf dem Teller?

我你的油 – Reichen Sie mir bitte die Sojasoße.

Ohne Katze in den Urlaub

Falls Sie Ihre Katze nicht in den Urlaub mitnehmen wollen, möchten Sie diese natürlich in guten Händen wissen. Viele Katzenhalter entscheiden sich für die Unterbringung in einer Katzenpension. Aber nach welchen Kriterien sucht man unter den vielen Angeboten im Internet die beste Herberge für seinen pelzigen Schatz aus? Hier sind einige Anhaltspunkte:

Katzenpension Schnurri, Villa Samtpfötchen, Hotel Grinsekatze, Elsas Katzenstübchen, Haus Miez
Gute Texter händeringend gesucht!

Ein Katzensprung vom Stadtzentrum entfernt
Nur vierzig Kilometerchen stadtauswärts auf der Autobahn fahren, ein halbes Stündchen Bundesstraße, 15 Kilometerchen Dorfstraße, zwanzig Minütchen Feldweg in die falsche Richtung, zwanzig Minütchen Feldweg zurück, 15 Minütchen am Straßenrand stehen und im Straßenatlas blättern, zehn Minütchen zufällig vorbeikommende Landwirte nach dem Weg fragen, drei Kilometerchen querfeldein und fünfzig Meter Schotterpiste. Und schon sind Sie da!

Katzengerechte Umgebung
Stellen Sie sich einfach einen ganzen Urwald aus mehrstöckigen, mit Velours und Sisal bezogenen Kratzbäumen vor, der

zudem mit hängenden Bastkörbchen, Holzkisten, Porzellankatzen, Gartenzwergen, Bambushängebrücken und winzigen Springbrunnen bestückt ist. Katzen kriegen beim Anblick feuchte Augen. Halbwegs designinteressierte Menschen müssen sich beim Anblick umgehend in ambulante psychologische Betreuung begeben.

Nur geimpfte und gegen Flöhe und Würmer behandelte Tiere

Nichts ist lästiger als vor dem Urlaub noch einen Termin mit dem Tierarzt machen zu müssen, damit der die Katze impft und gegen Flöhe und Würmer behandelt. Ach, doch: Nach Ihrem Urlaub bei uns einen Termin mit dem Tierarzt und dem Kammerjäger machen zu müssen, weil Sie Ersteres nicht getan haben. Also Marsch!

Fütterung nach Absprache

Na ja, Sie können sich ja zumindest einreden, dass Ihre Katze brav ihr sterbenslangweiliges ernährungswissenschaftlich ausgewogenes Premium-Trockenzeugs weiterfrisst, wenn die Katze neben ihr leckere Dosenhäppchen wegschlabbert.

Einzelunterbringung

Für kauzige oder besser verdienende Katzen

Mischunterbringung

Für gesellige oder normal verdienende Katzen

Fünf Sterne

Stehen wie im normalen Hotelgewerbe auch für höchsten Standard. Kleiner Unterschied: Die hochkarätige Fachjury, welche die Auszeichnung vergibt, besteht aus der Pensionsleiterin und ihrem Mann.

Glückliche Katzen

Sie werden nie erfahren, was sich wirklich in der Katzenpension zugetragen hat. Nach dem Aufenthalt wird Ihre Katze Sie zwar zwei Wochen lang mit diesem unfassbar scheelen Blick angucken und vollkommen ballaballa sein, aber sonst keinerlei sichtbare Schäden aufweisen. Machen Sie sich selbst Ihren Reim darauf!

Katze alleine zu Hause

Falls Sie sich und Ihrer Katze den ganzen Zinnober ersparen wollen, können Sie diese auch zu Hause von einem Catsitter betreuen lassen, der ein- bis zweimal täglich kommt und Ihre Katze fünf Minuten streichelt, füttert, die Katzentoilette sauber macht und den Rest der vereinbarten zwei Stunden damit zubringt, Playstation zu spielen, Ihre Alkoholvorräte zu dezimieren, in Ihren Schubladen zu stöbern und Ihre alten Liebesbriefe zu lesen. Handelt es sich bei dem Catsitter um einen befreundeten oder benachbarten Katzenhalter, noch besser! Dann ist das Ganze nämlich erstens kostenlos, und zweitens können Sie sich wiederum bei der nächstbesten Gelegenheit für seine Dienste revanchieren.

Falls Sie im Urlaub ohne Ihren Liebling vor Sehnsucht vergehen, ist es hilfreich, sich mal vor Augen zu führen, warum Sie sich, verdammte Hacke, ein paar Tage ohne Katze redlich verdient haben! Zum Beispiel mithilfe folgender Einsichten:

Das Wiedersehen

Machen Sie sich übrigens nichts draus, wenn Sie nach dem Urlaub zurückkommen und Ihre Katze nicht den Hauch einer Andeutung einer Spur eines Funkens Wiedersehensfreude zeigt. Das hat mit Ihnen rein gar nichts zu tun und liegt wahrscheinlich einfach daran, dass sie Sie nicht wiedererkennt und sich wundert, was zum Teufel Sie in ihrem Revier zu suchen haben. Vielleicht – da unterscheiden sich Katzen eben – ist sie aber tatsächlich auch stocksauer und empfängt Sie mit dem katzentypisch unbeteiligten „Ach da bist du ja. Warst du weg?“-Blick an exakt derselben Stelle, an der Sie sie zurückgelassen haben. So als sei die Zeit, in der Sie im Urlaub waren, so ultraschnell vorbeigezischt, dass Ihre Katze nicht mal die Zeit hatte, sich überhaupt von der Stelle zu bewegen, geschweige denn irgendetwas anzustellen!

Dieser Eindruck wird sich spätestens dann verflüchtigen, wenn Sie den Haartrockner anschalten und eine Sofortdauerwelle bekommen. Oder das zerfranste Etwas entdecken, das früher mal eine Tapete war. Oder das kleine

Präsent finden, das Ihre Katze Ihnen gleich nach Ihrer Abreise vor drei Wochen aufs Kopfkissen gelegt hat. Natürlich werden Sie erst mal ein schlechtes Gewissen bekommen. Das ist ja auch Sinn der Sache! Aber keine Sorge: Mit gutem Zureden und vielen Streicheleinheiten Ihrerseits ist Ihre Katze schon nach ein paar Wochen wieder ganz die Alte. Ein paar Leckereien aus dem Tierfeinkostladen helfen sicherlich, diesen Vorgang zu beschleunigen.

Wenn Sie nicht sicher sind, welche Art der Urlaubsbetreuung für Sie und Ihre Katze am besten ist, lassen Sie sich doch von erfahrenen Katzenbesitzern beraten!

Andere Katzenbesitzer	Deutsch
„Katzensitter – ist natürlich praktisch.“	Du machst es dir ja einfach.
„Katzenpensionen gibt es ja solche und solche.“	Da kannst du deine Katze ja gleich den Haien zum Fraß vorwerfen.
„Automatischer Futterspender? Nicht doof!“	Ich alarmiere besser gleich den Tierschutzbund.

Katze aussetzen

Pünktlich zum Schulferienbeginn findet man jedes Jahr bundesweit Hunderte von Katzen, die in Pappkartons rausgestellt oder an Laternenpfähle angebunden werden. Katzen aussetzen ist natürlich pfui, pfui, pfui! Und wird ganz zu Recht mit hohen Geldstrafen geahndet. Nicht hoch genug, meinen viele und freuten sich über den Fall der Tierheimbetreiberin Michelle Murray aus Painesville im US-Bundesstaat Ohio. Diese hatte vor einiger Zeit Dutzende von Kätzchen ausgesetzt, wurde dabei erwischt und musste auf richterlichen Beschluss zur Strafe nicht nur 14 Tage ins Gefängnis und rund 4.000 Euro Bußgeld zahlen, sondern selbst eine Nacht im Wald verbringen – ohne Wasser, Essen und Licht.

Auf eine recht unkonventionelle Art, Katzen loszuwerden, kam die 45-jährige britische Bankangestellte Mary Bale, welche die Nachbarskatze Lola kurzerhand in eine Mülltonne warf. Blöd für sie, denn sie wurde dabei von einer Überwachungskamera gefilmt und konnte identifiziert werden. Strafe: umgerechnet etwa 280 Euro Bußgeld.

Sollten Sie eine Katze mit Seil um den Hals oder in einem verschlossenen Karton finden, können Sie relativ sicher sein, dass diese das nicht selbst bewerkstelligt hat. Bringen Sie die Katze übergangsweise zum Tierarzt oder ins Tierheim – bis Sie sie schließlich doch adoptieren. Aber bitte nur, wenn Sie wissen, was Sie in den Ferien mit ihr machen!

Lieber Leser,

Falls Sie schon eine Katze haben, werden Sie sich nach der Lektüre dieses Büchleins hoffentlich bestätigt und getröstet fühlen. Ja, Ihre Katze ist vollkommen normal. Und Sie sind nicht der erste Katzenbesitzer, der vor den seltsamen Marotten und Launen seiner Fellwurst in die Knie geht. Bedeutende Dosenöffner der Geschichte wie Königin Victoria, Albert Schweitzer, Winston Churchill, Albert Einstein, Paul Klee, Hermann Hesse oder Papst Pius IX. wurden von ihren Katzen auf Trab gehalten, gefoppt, gedisst, gedemütigt, links liegen gelassen und mit völliger Indifferenz behandelt, ohne dass das deren Verehrung und Liebe auch nur im Ansatz geschmälert hätte. Im Gegenteil! Als Katzenbesitzer wissen sie: Es ist gerade die explosive Mischung aus zweifelhafter Treue, mangelndem Gehorsam und vollkommener Abwesenheit eines gesunden Menschenverstands, die Katzen so einzigartig und liebenswert macht.
Spätestens, wenn die Katze zum warmen und kuscheligen Fellbällchen zusammengerollt auf Ihrem Schoß liegt und zufrieden vor sich hin schnurrt oder ihre kleine Nase an Ihrer großen reibt oder Sie mit einem zarten, freundlichen Katzenhüpfer anspringt, ist ohnehin alles, was sie vorher ausgefressen hat, vergeben und vergessen.
Es ist zu hoffen, dass dieses Buch zur Verständigung zwischen Ihnen und Ihrer Katze beigetragen hat. Falls Sie Kritik, Anregungen oder Ergänzungen haben, schreiben Sie uns,

damit Ihre Informationen in der nächsten Ausgabe berücksichtigt werden können. Weist Ihre Katze jedoch keine der aufgeführten Merkmale und Verhaltensweisen auf, prüfen Sie, ob es sich bei ihr um einen Hund handelt.

Sind Sie kein Katzenbesitzer, haben Sie jetzt sicher Feuer gefangen und fragen sich: Wieso in drei Teufels Namen habe ich keine Katze? Es sei Ihnen an dieser Stelle noch mal versichert: Es ist ein großes, großes Versäumnis, keine Katze zu haben. Und es gibt wirklich Tausende von Gründen, sich eine anzuschaffen. Sei es, dass Sie von der sklavischen Untertänigkeit und dem ewigen Stöckchenholen Ihres Hunds gelangweilt sind. Dass das Schmusen mit Ihrem Goldfisch, Ihrem Guppi oder Ihrem Stachelleguan nicht zufriedenstellend ist oder Sie morgens lieber von einer schmirgeligen, kleinen Katzenzunge als vom Radio geweckt werden: Wenn Sie ein einzigartiges Haustier mit Persönlichkeit, Charme und einem Kopf voller Flausen suchen, ist eine Katze genau das Richtige für Sie!

Aber seien Sie gewarnt: Wer einmal eine Katze hatte, wird nie wieder ein anderes Tier wollen. Oder, um es mit den Worten des Schriftstellers Ernest Hemingway zu sagen, der seinerzeit glücklicher Besitzer von dreißig Katzen war: „Eine Katze führt zur nächsten." Recht hat er!

Ihre Nina Puri